KB030643

THE TRIP

KYOTO

クラルテ
京風和菓子
松葉屋
おこしやす
Welcome!

KYOREN CAB
乗務社員大募集!
京都500
あ 96-26
京聯
KYOREN

Contents

Kyoto's Main Areas

교토 주요 지역

교토시의 면적은 827.83km²(교토부 4,612.20km²)으로 서울시(605.24km²)보다 1.3배 크다. 여행자 대부분은 교토역을 중심으로 여행을 시작하며 도보와 버스를 주로 이용한다. 도심 여행을 즐겼다면 아라시야마, 오하라 등 인근 여행지를 둘러보는 것도 좋다.

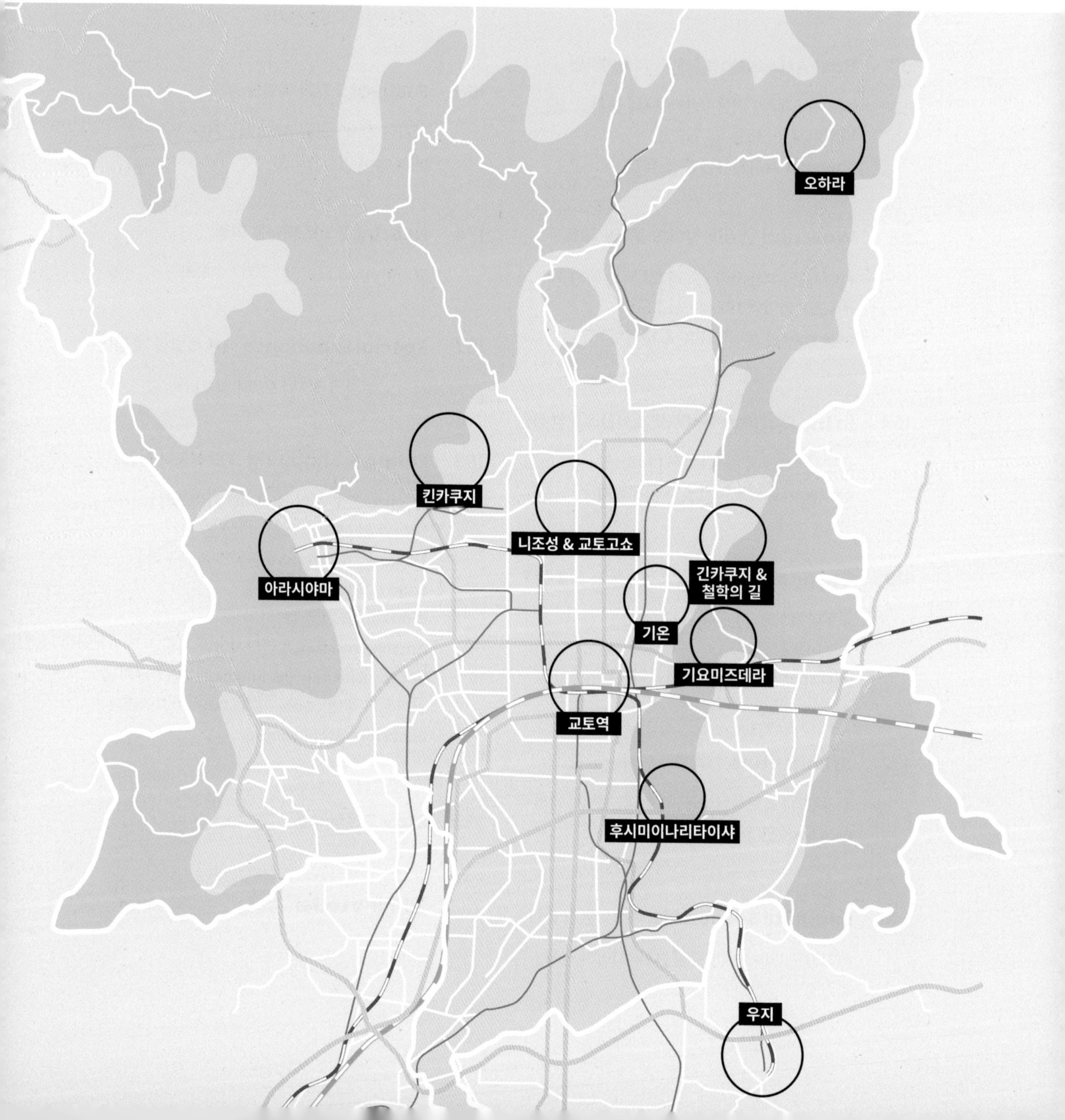

교토역

교토 여행의 시작점이자 간사이 국제공항, 오사카, 고베, 나라 등 주요 도시와 연결되는 교통의 중심지다. 교토역과 교토타워의 현대적인 풍경은 천년 고도 교토의 또 다른 모습이다. 교토역 주변은 아침 일찍 문을 여는 식당, 먹을거리와 쇼핑거리가 가득한 백화점, 온천과 야경을 즐길 수 있는 교토타워가 있어 여행의 시작과 마무리로 제격이다.

기온

기온은 교토에서 가장 번화한 곳으로 교토를 가로지르는 가모가와강과 야사카 신사에 이르는 넓은 지역을 가리킨다. 게이샤와 마이코가 있는 찻집과 식당이 있는 하나미코지도리, 노포에서부터 백화점까지 다양한 상점이 자리한 시조도리와 가와라마치도리, 교토 사람들의 밥상을 책임지는 니시키시장까지 다양한 볼거리와 즐길거리가 있는 대표 여행지다.

기요미즈데라

교토하면 가장 먼저 떠오르는 여행지는 바로 유네스코 세계문화유산으로 지정된 기요미즈데라다. 일년 내내 여행객으로 붐비는 곳으로 봄 벚꽃철과 가을 단풍철에는 국내 여행자들까지 몰리는 대표 명소다. 기요미즈자카와 산넨자카, 니넨자카 등 기요미즈데라 주변의 골목은 도보로 여행하기에 좋다. 기요미즈데라는 아침 일찍 문을 열기 때문에 조용한 여행을 원한다면 여행의 첫 번째 일정으로 잡아보길 추천한다.

긴카쿠지 & 철학의 길

유네스코 세계문화유산으로 지정된 사찰로 근처 철학의 길과 함께 둘러보기 좋다. 벚꽃과 단풍 명소이기도 하지만 일본의 정원을 감상하거나 혼자만의 산책을 즐기고 싶은 여행자들에게도 안성맞춤이다. 긴카쿠지를 둘러본 다음 철학의 길, 호넨인, 에이칸도, 난젠지는 도보로 충분히 이동할 수 있다. 헤이안진구까지 방문한다면 버스를 이용하는 것도 좋다.

킨카쿠지

교토의 서부에 위치한 킨카쿠지는 유네스코 세계문화유산으로 지정된 곳이며 화려한 금빛 누각이 압도적이다. 다른 여행지와는 조금 거리가 있어 버스로 킨카쿠지까지 이동한 후 료안지, 닌나지 등을 도보로 둘러보길 추천한다. 킨카쿠지에서 료안지와 닌나지로 향하는 '기누카케노미치'는 세계문화유산 관광 순환 코스 중 하나이다.

니조성 & 교토고쇼

교토의 중심부로 교토역과 킨카쿠지 사이 지역이다. 다른 지역보다는 볼거리가 많지 않지만 유네스코 세계문화유산인 니조성과 500년 동안 덴노의 거처였던 교토고쇼까지, 교토의 화려했던 시절을 만날 수 있다. 윤동주와 정지용의 시비가 있는 도시샤대학교, 일본 최초의 만화 종합 문화 시설인 교토 국제만화박물관이 있다.

아라시야마

교토 여행에서 빼놓을 수 없는 아라시야마는 과거 일본 귀족들의 별장지로 유명한 곳이다. 벚꽃철과 단풍철에 무척이나 아름다우며, 사계절 내내 매력을 뽐내는 곳이다. 700년 전의 모습을 간직하고 있는 텐류지, 노노미야 신사에서 오코치 산장을 연결하는 대나무 숲길 치쿠린, 산간 협곡을 운행하는 관광 유람선 호즈가와쿠다리, 호즈 강변을 따라 달리는 관광열차 사가노토롯코 열차까지. 보고 즐길 거리가 가득해 여유를 두고 충분히 둘러보는 것이 좋다.

후시미이나리타이샤

교토의 남쪽에 위치한 후시미이나리타이샤는 여행자들에게 특히 인기다. 일본 전국에 있는 이나리 신사의 총본사로 1만 개 이상의 붉은 도리이가 늘어선 모습은 신비롭다. 신사로 향하는 길에 있는 이나리 스시, 키츠네 우동을 맛보는 것도 추천한다. 교토역에서 이나리역까지 약 20분 소요, 반나절 코스로 둘러보기 좋다.

오하라

교토 북부 산악지대에 위치한 오하라는 조용한 산마을이다. 다른 지역보다 일주일 빠르게 단풍을 즐길 수 있는 명소이자 봄에는 벚꽃과 진달래가 만개한다. 오하라 동쪽 산속에 자리 잡은 산젠인에서는 사원들을 연결하는 아름다운 산책로, 오토나시 폭포를 만날 수 있다. 교토역에서 오하라까지는 버스로 약 40분 소요된다.

우지

우지강을 중심으로 한 아름다운 경치 덕분에 헤이안시대 귀족들의 별장지였다. 《겐지 이야기》의 배경지이자 유네스코 세계문화유산으로 지정된 뵤도인은 10엔 동전에 등장하기도 한다. 일본 3대 명차인 우지차의 생산지다. 교토역에서 전철로 약 20분 소요된다.

Tip for Traveler

여행자를 위한 팁

초행자는 물론이고 교토를 다시 찾는 여행자에게도 꼭 필요한 몇 가지 팁을 소개한다. 소소해도 알고 나면 예전에 봤던 풍경이 달라 보이고, 여행은 더욱 쉽고 재미있어질 것이다.

단풍과 벚꽃 시즌

교토는 벚꽃(3월 하순부터 4월 중순)과 단풍(11월 중순부터 12월 초순) 시즌에 가장 붐빈다. 이때는 대형 버스를 이용해 나들이를 즐기는 여행자들을 쉽게 볼 수 있다. 이에 반해 2월과 8월은 비교적 한산한 편이다. 2월은 조금 쌀쌀하지만 하얗게 눈으로 단장한 교토를 만날 수 있다. 8월은 다소 더워도 '아오모미지(푸른 단풍)'이라고 불릴 만큼 신록이 아름답다.

아침 산책

느긋한 여행을 즐기고 싶다면 여행자들이 체크아웃 후 일정을 시작하는 10시 이전 시간을 활용해보자. 교토의 사찰은 아침 6시나 7시부터 입장이 가능해 아침 산책으로 방문하기 좋다. 교토역 근처에는 이른 시간부터 아침 식사를 즐길 수 있는 식당이 제법 많으니, 든든하게 챙겨 먹고 남들보다 조금 일찍 여행을 시작한다면 고즈넉한 교토를 만날 수 있다.

대중교통

교토의 주요 관광지는 모두 버스 노선으로 촘촘하게 이어져 있다. 특히 교토역 버스 정류장에서는 교토 곳곳으로 이동하기가 편리하다. 버스 1일 승차권을 이용하면 하루 동안 버스를 무제한으로 이용할 수 있다. 하지만 단풍과 벚꽃 시즌에는 도로 정체가 심하므로 버스와 지하철을 함께 이용하는 것도 좋다. 버스를 갈아타는 것이 부담된다면 지하철로 이동 후 버스 환승을 추천한다.

편한 신발

교토는 걸어서 둘러볼 수 있는 곳이 많기 때문에 편한 신발은 필수다. 특히 사찰이 많은 교토에는 자갈길이 많으므로 굽이 높은 신발은 피하는 것이 좋다. 또 신발을 벗고 입장하는 곳이 많기 때문에 겨울에는 양말을 두 겹으로 신거나 보온이 되는 신발을 신도록 하자.

게이코와 마이코

교토를 걷다 보면 게이코와 마이코를 만나는 경우가 종종 있다. 이때 무리해서 말을 걸거나 허락 없이 사진을 찍는 것은 금지되어 있다. 게이코와 마이코를 직접 만나고 싶다면 기온 코너에서 공연을 관람하거나 차 또는 식사를 즐기며 게이코와 마이코를 만나는 방법을 추천한다. 직접 마이코가 되는 특별한 경험도 좋다. 교토역, 기온, 아라시야마 부근에는 마이코 체험 스튜디오들이 있어 기모노를 대여, 산책과 사진 촬영도 경험할 수 있다.

숙소

교토는 당일 여행보다는 하루 이틀 머물며 천천히 둘러보기에 좋은 도시다. 교토역 근처에는 대형 호텔이 많아 오사카, 고베, 나라 등 이동 시 편리하다. 기온이나 기요미즈데라 근처에서 전통 가옥인 교마치야를 개조해 만든 숙소나 게스트하우스에서 하룻밤을 보내는 것도 특별한 경험이 될 것이다. 단풍과 벚꽃 성수기에는 예약이 어려울 수 있으니 미리 예약을 하는 것이 좋다. 1인 1박당 숙박 요금 20,000엔 미만은 200엔, 20,000엔~50,000엔 미만은 500엔, 50,000엔 이상의 숙소는 1,000엔의 숙박세가 부과된다.

버스와 자전거

버스와 자전거를 잘 이용하면 교토의 주요 여행지를 편하고 효율적으로 둘러볼 수 있다. 지하철+버스 1일 승차권은 하루 동안 지하철과 버스를 무제한 이용할 수 있어 가성비가 좋은 교통 할인 패스다. 도보로만 다니기에 부담스러운 킨카쿠지, 가모가와강변, 아라시야마 인근은 자전거로 둘러보는 것도 추천한다. 교토역 중앙 출구 및 주요 관광지에서 자전거 대여가 가능하며 하루 기준 일반자전거는 약 1,000엔, 전동자전거는 약 1,800엔 정도다. 좁은 골목과 상점가 밀집 지역은 자전거로 통행할 수 없는 경우도 있으니 주의하자.

신용카드

교토의 많은 상점과 식당, 숙소에서 신용카드를 사용할 수 있다. 하지만 일부에서는 신용카드를 쓸 수 없고, 특정 물품을 구매할 때에는 현금만 가능하기도 하다. 따라서 일정 정도의 현금을 지참하고 다니는 것이 좋다. 신용카드 사용이 가능한 상점은 계산대에 신용카드 브랜드 스티커가 붙어 있다.

시기별 옷차림

3월 하순부터 4월 벚꽃 시즌에는 아침 저녁 기온차가 있기 때문에 체온 조절이 용이한 카디건, 스웨터, 다운 재킷이 필요하다. 5월 하순부터 6월 초는 비가 오는 날이 많아 접이식 우산, 방수가 되는 신발, 벌레 퇴치 스프레이를 준비하면 좋다. 7월부터는 최고 기온이 35도를 넘기 때문에 통풍이 잘되는 복장, 모자와 양산, 선글라스, 손수건, 여벌 옷과 생수, 부채, 자외선 차단제 등이 있으면 좋다. 11월부터 12월 초는 얇고 가벼운 코트, 장갑 등을 준비하자. 12월부터 3월까지는 실제 온도보다 춥게 느껴지는 시기로 롱코트나 다운 재킷, 내의, 스타킹, 두꺼운 장갑, 머플러, 넥워머, 털모자, 손난로 등이 있으면 좋다.

Keyword of Kyoto

교토를 이해하는 키워드

교토는 일본 역사상 가장 영향력 있던 시대의 수도로 정치, 경제, 문화, 예술의 중심지였다. 도쿄대와 더불어 일본에서 가장 유명한 교토대학교가 있으며, 교토를 근거지로 내실 있게 성장한 기업과 교토만의 색깔을 담은 브랜드가 많다.

천년 고도 千年古都

794년 간무 덴노는 나라에서 지금의 교토로 수도를 옮기며 헤이안쿄라 칭하였다. 가마쿠라, 무로마치시대를 거치며 수도로 성장하던 교토는 1467년 오닌의 난으로 상당 부분이 불타 없어졌다. 1603년 도쿠가와 이에야스가 에도 막부를 세우고 니조성을 세웠다. 교토는 에도(옛 도쿄), 오사카와 함께 3도라 불렸다. 1868년 메이지유신 때 수도를 도쿄로 이전하기까지 교토는 일본 수도의 역할을 하였다. 일본의 '천년 고도'로 새 덴노의 정식 즉위식은 계속 교토에서 거행되고 있다.

아라비카 커피

니조성

아라비카 커피 % Arabica

퍼센트를 뜻하는 기호 %를 기울여 읽어 '응' 커피로 알려진 아라비카 커피는 2014년 교토에서 만들어진 브랜드다. 현재 도쿄, 상하이, 뉴욕, 서울 등 전 세계에 매장이 있다. 아라비카 커피의 창립자인 케네스 쇼지는 맛과 품질을 위해 고품질 아라비카 원두를 직접 선택하고 로스팅한다. 맛있는 커피와 함께 아름다운 분위기와 디자인을 제공하며 교토 아라시야마와 히가시야마 매장은 여행자들의 커피 성지로 꼽힌다.

유네스코 세계문화유산 UNESCO World Heritage

일본 내 37개 유네스코 세계 문화유산 중 17개(교토시, 우지시, 오쓰시 포함), 일본 국보의 약 20%, 중요 문화재 약 15%가 교토에 있다. 교토의 유네스코 세계문화유산으로는 기요미즈데라, 킨카쿠지, 료안지, 니시혼간지, 니조성, 가미가모 신사, 시모가모 신사, 도지, 기요미즈데라, 사이호지, 다이고지, 긴카쿠지, 닌나지, 고잔지가 있다.

무라사키 사카부 동상

교야사이

겐지 이야기 原氏物語

일본 최고의 고전으로 인물 간의 심리를 묘사한 세계 최초의 산문 소설이다. 총 54권으로 이루어져 있다. 헤이안시대 중기인 1008년, 궁정 여인이었던 무라사키 시키부가 남편과 사별한 아픔을 잊기 위해 쓰기 시작했다. 귀족 문화가 절정에 달하던 헤이안시대, 도읍 교토를 배경으로 덴노의 아들 겐지와 그의 후손들 이야기를 그리고 있다.
과거 귀족들의 휴양지였던 우지는 《겐지 이야기》의 마지막 배경지로, 겐지 이야기 박물관이 있어 소설과 관련된 다양한 자료를 감상할 수 있다.

니시다 기타로 西田幾多郎

일본의 근대 철학자(1870~1945). 일본의 독자적인 철학을 만든 인물로 꼽히며 교토대학의 교수였다. 1911년 <선의 연구>를 통해 '순수 경험'을 유일의 실재로 간주하였다. 선불교적인 동양 사상을 기본으로 하면서 서양 철학을 도입하여 '교토학파'의 형성에 영향을 끼쳤다.
긴카쿠지에서 난젠지로 이어지는 1km의 개천길은 그가 근처에 살며 자주 산책했던 길이라, '철학의 길'이라는 이름이 붙여졌다.

교야사이 京野菜

교토 지역에서 재배되는 전통 채소를 뜻한다. 교토 사람들은 오랜 역사를 가진 채소 40여 종을 선정하여 재배 연구에 힘썼고 지금은 일본 내에서도 유명한 채소 브랜드가 되었다. 1년 내내 먹을 수 있는 쿠죠 파, 윤기나는 검은 껍질과 둥근 형태가 특징인 가모나스 가지, 과육이 부드럽고 단 만간지 고추, 동그랗고 통통한 모양의 쇼고인 무 등이 있다.

닌텐도 Nintendo

1889년 교토 출신 야마우치 후사지로가 만든 게임 회사로 교토에 본사를 두고 있다. 닌텐도라는 이름은 1963년부터 사용되었다. 닌텐도는 초창기에 일본의 전통 보드 게임을 만들었으며 이후 아케이드 게임기 등을 만들다 1983년 가정용 게임기를 출시하며 전 세계적인 인기를 얻었다. 닌텐도 DS와 위(Wii), 증강현실 모바일 게임인 포켓몬고를 출시하였고 애니메이션 등 다양한 분야로 사업을 확장하고 있다.

요지야 Yojiya

일본 교토를 중심으로 화장품, 액세서리, 의류 등을 판매하는 브랜드다. 1904년에 창업해 기름종이, 립스틱, 립밤, 아이라이너 등의 화장품 제품과 다양한 액세서리, 의류를 판매한다. 교토 아라시야마에는 요지야 브랜드에서 운영하는 카페가 있다. 요지야 로고를 사용한 음료와 디저트를 맛보고, 굿즈를 구경하는 것도 추천한다.

요지야 디저트

Weather in Kyoto

교토 시기별 날씨

교토부는 남북으로 긴 지형이며 중앙에 산지가 위치한다. 북부는 1년 내내 흐린 날이 많고 여름이 짧아 가을이 일찍 찾아온다. 주요 여행지가 있는 남부는 산으로 둘러싸인 분지로 여름이 특히 덥고 습하며, 겨울은 춥고 일교차가 큰 편이다.

3월 - 5월

벚꽃이 피는 교토의 봄은 온화하고 햇볕이 따사롭다. 3월 중순부터 4월 말까지는 햇볕이 따뜻해 산책하기 좋다. 3월부터는 매화를 시작으로 벚꽃, 진달래, 등나무 등이 개화한다. 4월에는 벚꽃이 절정에 달해 크고 작은 벚꽃 축제가 열리므로 만개 일정을 미리 알아두면 좋다. 기온이 변덕스러워서 밤에 외출할 때에는 카디건이나 바람막이를 준비하는 것이 좋다. 꽃가루 알레르기가 있다면 마스크와 안경도 준비하자.

6월 -7월

6월 초에서 7월 중순은 일본어로 '츠유(tsuyu)'라고 불리는 우기다. 비가 자주 내려 습하지만 그 덕분에 도시는 더욱 싱그러워지며 신록으로 물든다. 특히 꽃이 피면서 점차 색깔이 변하는 수국의 아름다움이 절정에 달한다. 우산이나 우비를 준비하는 것이 좋으며, 비가 내릴 때를 대비해 실내 여행지를 미리 알아두도록 하자.

8월

교토의 8월은 가만히 있어도 땀이 날 정도로 굉장히 덥다. 삼면을 둘러싼 산들이 시원한 바람을 막아 매우 습하므로 부채나 휴대용 선풍기는 필수다. 한여름에는 기온이 35도 이상으로 올라가며 폭우와 뇌우가 발생하기도 한다. 저녁에도 기온이 내려가지 않는 열대야 때문에, 가모가와강변에 위치한 식당의 테라스석은 강바람을 맞으며 더위를 피하는 사람들로 붐빈다. 모자나 선크림, 선글라스도 준비하자.

9월 - 11월

교토의 가을은 봄처럼 날씨가 온화하고 맑아 여행자들에게 가장 인기다. 9월부터는 단풍 시즌을 맞아 각 사찰과 신사에서는 보물과 국보, 중요 문화재 등을 특별히 공개하기도 한다. 10월까지 따뜻하며, 11월부터는 조금씩 서늘해지고 기온차가 크지만 야외 활동을 하기엔 적당하다. 밤에는 라이트업 행사가 열려 시원한 밤거리를 걸으며 단풍을 즐기는 사람들이 많다. 도보나 자전거를 통해 도시를 둘러보기 좋다.

12월 - 2월

교토의 겨울은 뼛속까지 추위가 스며든다고 하여 '소코비에'라고 불린다. 교토의 삼면을 둘러싼 산에서 차가운 바람이 불어와 아침저녁의 일교차가 큰데, 비가 내리는 날은 적어 청명한 하늘을 만날 수 있다. 여행 중에 몸을 녹이기 위해 온천이나 '센토'라 불리는 공중목욕탕을 방문하는 것도 좋다. 특별한 겨울을 즐기고 싶다면 온천 시설을 갖춘 아라시야마의 료칸에서 하룻밤 머무는 것도 추천한다. 2월 초순부터는 매화가 피며 봄 기운이 느껴진다.

Way to Kyoto

교토로 가는 방법

간사이 국제공항에서 교토, 간사이 주요 도시에서 교토로 가는 방법을 소개한다. 이용 가능한 패스에 따라 자신에게 맞는 이동 방법을 선택해보자.

간사이 국제공항

JR교토역

간사이 국제공항 ········ 교토

❶ 리무진: 교토역 하치조 출구행 리무진은 6시 50분부터 운행하며 약 1시간 30분 소요, 요금은 편도 2,600엔(성인)이다. 예약제이므로 케이한버스 홈페이지(www.keihanbus.jp)에서 예약하면 된다.

❷ 특급 하루카: 교토역 행 JR 칸쿠 쾌속과 특급 하루카는 6시 30분부터 운행하며 약 1시간 20분이 소요된다. 하루카 편도 자유석은 3,110엔(성인)이다. 공항에서 교토로 이동한다면 'ICOCA & HARUKA'가 좋다. 이코카 카드가 있다면 간사이 국제공항에서 교토로 이동할 수 있는 하루카 할인권만 구입하면 된다.

오사카 ········ 교토

❶ 한큐전철: 한큐 오사카우메다역에서 교토 가와라마치역까지 한큐 특급은 43분 소요, 요금은 410엔이다.
PASS 간사이 스루패스, 한큐 투어리스트 패스

❷ JR: 오사카역에서 교토역까지 JR신쾌속은 29분 소요, 요금은 580엔이다. 교토가 처음이라면 교토역에서 여행을 시작하는 것도 좋다.
PASS JR패스, JR간사이 와이드에어리어 패스 등

❸ 케이한전철: 케이한 요도야바시역에서 기온시조역까지 특급은 49분 소요, 요금은 430엔이다. 요도야바시·시치조·기온시조·데마치야나기역 중 동선에 따라 내릴 수 있어 편리하다.
PASS 간사이 스루패스, 케이한 패스

한큐 전철

고베 ········ 교토

❶ JR: 산노미야역에서 교토역까지 JR신쾌속은 52분 소요, 요금은 1,110엔이다. 직행이지만 한큐전철보다 요금이 비싸다.
PASS JR패스, JR간사이 와이드에어리어 패스 등

❷ 한큐전철: 한큐 고베산노미야역에서 교토가와라마치역까지 특급은 72분 소요, 요금은 640엔이다. 단 주소역 또는 우메다역에서 환승을 해야 한다.
PASS 간사이 스루패스, 한큐 패스

나라 ········ 교토

❶ 킨테츠전철: 킨테츠나라역에서 교토역까지 급행은 45분 소요, 요금은 760엔이다.
PASS 간사이 스루패스, 킨테츠 레일 패스

❷ JR: 나라역에서 교토역까지 쾌속은 44분 소요, 요금은 720엔이다. 킨테츠전철보다 운행 편수가 많다.
PASS JR패스, JR간사이 와이드에어리어 패스 등

Close-up Kyoto Station

교토역 자세히 보기

교토역은 많은 여행자들이 가장 먼저 도착하게 되는 교토의 관문이다. 전철과 지하철, 버스의 집결지이자 호텔 및 상업시설이 밀집해 있어 복잡하게 느껴질 수 있다. 교토역 이용 요령에 대해서 알아두면 여행이 더욱 편리해진다.

교토역 버스 승차장

교토타워가 있는 북쪽은 '中央口' 출입구

교토역 큰 출구는 남북으로 2개가 있다. 북쪽은 '中央口(중앙출입구)', 남쪽은 '八条口(하치조출입구)'다. 호텔 셔틀버스 승차장, 버스 및 택시 정류장으로 간다면 중앙출입구로 나가면 된다.

교토역에 없는 사철 노선

교토의 관문이지만 케이한 전철, 한큐 전철, 케이후쿠 전철, 에이잔 전철의 사철과 지하철 도자이선은 교토역을 지나지 않는다. 이 경우 전철이나 버스를 갈아타고 이동해야 한다.

교토역 여행 안내소

교토역에서 가까운 여행 안내소는 교토역 2층 교토 종합 관광안내소 교나비(8:30~19:00), 교토 타워 3층 간사이 투어리스트 인포메이션 센터 교토(10:00~17:30)가 있다.

지하철은 지하에 있다

교토역에는 다양한 전철 노선이 있어 지하철을 못 찾는 경우가 종종 있다. 지하철 가라스마선을 이용하기 위해서는 '地下鉄' 표지판을 따라 지하로 내려가면 된다.

짐 보관 및 배송 서비스

교토역에서는 수화물 보관은 물론 숙소까지 배송도 가능하다. 짐을 가지고 숙소로 이동하지 않아도 되고, 바로 일정을 즐길 수 있어 체력 안배에 도움이 된다. 교토의 숙소에서 간사이 국제공항으로 바로 짐을 보낼 수도 있다. JR교토역 지하1층 중앙 개찰구의 'Crosta 교토(8:00~14:00)', 간사이 투어리스트 인포메이션 센터 교토(10:00~12:00), JR교토역 신칸센 하치조구치 딜리버리 서비스(9:00~14:00), 교토시 버스 지하철 안내소(7:30~12:00)에서 이용 가능하다.

교토역

교토에키마에 버스 승차장별 주요 버스 노선

교토역 2층 교토 종합 관광안내소, 승차장 옆 버스 티켓센터, 교토역 지하의 시버스·지하철 안내소에서 버스 티켓을 구입할 수 있다.

승강장	버스 번호	주요 행선지
A1	5번	시조가와라마치,헤이안진구, 난젠지, 에이칸도, 긴카쿠지
A2	4번	시조가와라마치, 시모가모 신사, 카미가모 신사
	17·18번	시조가와라마치, 긴카쿠지
B1	9번	니시혼간지, 니조성, 가미가모 신사
B2	50번	니조성, 기타노텐만구
	101번	니조성, 기타노텐만구, 킨카쿠지
C3	71번	시조가와라마치, 오하라
	18번	고죠자카, 긴카쿠지미치, 오하라
C4	16·19·42·78번	도지 서문
	18번	후시미이나리타이샤

승강장	버스 번호	주요 행선지
C5	75번	니시혼간지, 도에이우즈마사에이가무라
C6	51번	데마치야나기, 긴카쿠지미치
	72번	시조오미야, 아라시야마
	73번	아라시야마, 한큐 아라시야마
D1	100번	산주산겐도, 기요미즈데라, 기온, 헤이안진구, 긴카쿠지
	110번	산주산겐도, 기요미즈데라, 기온, 헤이안진구
D2	88·206번	산주산겐도, 기요미즈데라, 기온, 교토국립박물관
	88·208번	산주산겐도, 토후쿠지, 센뉴지
D3	26번	묘신지, 닌나지
	28번	아라시야마, 다이카쿠지

Public Transportation

교토에키마에 버스 승차장

교토의 대중교통

교토는 오사카와 달리 지하철 노선이 많지 않다. 대신 버스가 주요 관광 명소를 촘촘하게 연결하고 있어 여행자들도 편리하게 이용할 수 있다. 하루 중 차량이 가장 많은 출퇴근 시간이나 여행자가 급증하는 벚꽃과 단풍 시즌에는 전철을 이용하는 것도 추천한다.

시영버스

교토 여행 중 가장 많이 이용하는 버스로 시내 중심부를 지난다. 하루 3회 이상 버스를 이용한다면 지하철+버스 1일권을 구입하는 것이 좋다. 여행자들이 가장 많이 이용하는 버스는 5번(시조가와라마치, 긴카쿠지, 철학의 길, 난젠지, 헤이안진구), 46번(기온, 헤이안진구), 50번(니조성, 기타노텐만구, 료안지, 킨카쿠지), 204번(킨카쿠지, 긴카쿠지, 철학의 길, 교토고쇼), 205번(니시혼간지, 킨카쿠지, 교토고쇼, 시모가모 신사), 206번(산주산겐도, 기요미즈데라, 기온) 등이 있다.

(¥) 성인 230엔 *교외 지역 요금 추가 PASS 지하철+버스 1일권, 간사이 스루패스

라쿠버스

여행자를 위한 전용 순환 버스로 교토 주요 여행지를 연결한다. 101번(교토역, 기요미즈데라, 기온, 긴카쿠지, 헤이안진구, 교토국립박물관, 산주산겐도), 101번(교토역, 니조성, 기타노텐만구, 킨카쿠지), 102번(긴카쿠지, 기타노텐만구, 킨카쿠지)을 이용할 수 있다.

(¥) 성인 230엔 PASS 지하철+버스 1일권, 간사이 스루패스

교토버스

교토역에서 아라시야마, 오하라 등 교외를 연결. 교토에키마에 버스 승차장 C3과 C6에서 이용할 수 있다.

(¥) 성인 230엔 *교외 지역 요금 추가 PASS 지하철+버스 1일권, 간사이 스루패스

교토 시티투어버스

천장이 뚫린 2층 버스를 타고 교토의 주요 여행지를 둘러볼 수 있다. 각 장소마다 한국어 해설, 원하는 곳에서 자유롭게 승하차, 실시간 버스 위치도 확인 가능하다. 교토역에서 출발해 니시키시장, 니조성, 기타노텐만구, 킨카쿠지, 교토고쇼, 긴카쿠지, 기온,

기요미즈데라, 산주산겐도 등 주요 명소를 지난다.
㈐ 1일권 성인 3,500엔, 아동 1,750엔·2일권 성인 5,000엔, 아동 2,500엔

버스 이용하기

교토의 버스는 우리나라와 반대로 뒷문으로 승차하고 앞문으로 하차하면서 요금을 지불한다. 현금을 사용한다면 뒷문에서 탑승권을 뽑아 하차 시 지불하면 되는데 거스름돈은 나오지 않기 때문에 미리 잔돈을 준비해야 한다. IC카드인 이코카 카드(ICOCA)는 하차 시 IC 계기판에 터치하면 된다. 버스 패스는 최초 승차 시 개찰 기계에 넣으면 뒷면에 개시 날짜가 찍힌다. 이후부터는 하차 시 기사에게 패스 뒷면의 날짜를 보여주면 된다. 버스 내 전광판(한국어 안내)과 안내 방송으로 정류장이 안내되니 하차 시 벨을 누르도록 하자.

지하철

교토의 지하철은 남북으로 운행하는 가라스마선(초록색)과 동서로 운행하는 도자이선(빨간색) 두 가지다. 도자이선은 교토역을 지나지 않지만 주요 명소를 연결하며, 가라스마선은 교토역을 지난다. 니조성과 교토고쇼는 지하철 역과 가깝지만 대부분의 명소는 역과 먼 편이다.

지하철 승차권 판매기에 한국어 안내가 되어 어렵지 않게 사용할 수 있으나 목적지까지의 요금을 선택해야 하므로 주의를 기울이자. 역 내 안내센터나 구글맵에서 출발지와 목적지를 설정하여 요금을 확인하면 된다. 지하철 티켓은 개찰구 기계에 넣으면 구멍이 뚫려 나온다. 이코카 카드 이용 및 충전이 가능하다.
㈐ 성인 220엔 *구간별 요금 추가
PASS 지하철+버스 1일권, 간사이 스루패스

Pass for Traveler

란덴열차

여행자를 위한 교통패스

교토 여행 시 가장 많이 이용하는 지하철+버스 1일 승차권이다. 관광안내소나 지하철 개찰구, 버스 승차 후 기사에게 구입도 가능하다.

지하철+버스 1일권
Subway & Bus 1-Day Pass

교토시의 지하철, 시영버스, 교토버스, 서일본 JR버스, 케이한버스를 1일 무제한 승차할 수 있다(일부 노선 제외). 하루 동안 교토 시내를 이동하는 일정이 많다면 이 패스를 추천한다. 가격은 성인 1,100엔, 어린이 550엔이며 주요 정류장이나 편의점, 관광안내소에서 구입할 수 있다. 토에이우즈마사에이가무라 입장권 할인, 에이칸도 입장료 할인 등 60여 가지의 특전이 있다.

oneday-pass.kyoto

지하철 1일권
Kyoto City Subway 1-Day Pass

교토시의 지하철 전선을 1일(이용일의 첫차부터 마시박차까지) 동안 무제한 승차 가능하다. 가격은 성인 800엔, 초등학생 이하 400엔. 지하철역 창구나 발매기, 안내소 등에서 구입할 수 있다. 교토철도박물관 경품, 니조성 할인 등 특전이 있다.

JR 웨스트 간사이 레일 패스
JR-WEST Kansai Area Pass

오사카·교토·고베 등 간사이 주요 지역의 JR 노선 신괘속~보통 열차, 간사이 특급 HARUKA, 그리고 교토시 지하철·케이한·한큐전철 등을 이용 기간 내 자유롭게 승차할 수 있다. 오사카에서 교토역까지, 이어서 아라시야마에서 우지까지 등 멀리 이동하는 일정이 많다면 이 패스를 추천한다. 가격은 1일권 12세 이상 2,400엔, 11세 이하 1,200엔. JR웨스트 온라인 페이지에서 예매하거나 주요 JR역에서 구입할 수 있다.

www.westjr.co.jp/global/kr/ticket/pass/kansai

교토 시영버스

이코카 & 하루카
ICOCA & HARUKA

간사이 지역의 JR·지하철·사철·버스, 쇼핑 등에 사용할 수 있는 IC카드 ICOCA(구입 시 1,500엔 충전)와 간사이 국제공항에서 교토, 오사카 등을 바로 연결하는 간사이 공항 특급 HARUKA의 할인 티켓이 포함되어 경제적이다. 가격은 간사이 국제공항~교토 기준으로 편도 3,800엔, 왕복 5,600엔.
www.westjr.co.jp/global/kr/ticket/icoca-haruka

간사이 원패스
Kansai One Pass

JR·난카이·케이한·한큐·킨테츠·교토시 지하철 등 간사이 지역 내 주요 철도와 대중교통을 이용할 수 있다. 구체적으로는 'ICOCA' 또는 'PiTaPa'마크를 비롯한 'IC마크'가 있는 카드를 사용할 수 있는 모든 곳에서 쓸 수 있다. 가격은 3,000엔(보증금 500엔 포함)이며 간사이 공항역 포함 간사이 지역 주요 역에서 구입할 수 있다. 이동 및 환승할 때마다 승차권을 따로 살 필요가 없고, 우메다 스카이빌딩 10% 할인이나 니조성 100엔 할인 등 200종의 특전이 있어 인기가 좋다.
kansaionepass.com/ko

간사이 스루패스
Kansai Thru Pass

오사카·교토·고베·나라 등 간사이 전 지역의 지하철, 전철(JR 제외), 버스를 이용할 수 있다. 교토에서는 시영버스와 지하철, 케이한전철, 케이한버스, 케이후쿠전철(란덴열차) 등이 해당된다. 2일권(성인 4,380엔)과 3일권(성인 5,400엔)이 있으며, 연속으로 이용하지 않아도 된다는 것이 장점. 관광 명소와 쇼핑 시설의 할인권이나 기념품 증정 등 260여 가지의 특전이 있으니 잘 활용하자.
surutto.com/tickets/kansai_thru_korea.html

How to get there

주요 명소로 가는 방법

기요미즈데라 도착

❶ 교토역 출발 **버스**

- 교토에키마에 정류장
  - 시영버스 206번 15분
- 고조자카 정류장
  - 도보 10분
- 기요미즈데라

❷ 가와라마치·시조 출발 **버스**

- 시조역 시조니시노토인 정류장
  - 시영버스 207번 15분
- 기요미즈미치 정류장
  - 도보 10분
- 기요미즈데라

긴카쿠지 & 철학의 길 도착

❶ 교토역 출발 **버스**

- 교토에키마에 정류장
  - 시영버스 17번 40분
- 긴카쿠지미치 정류장
  - 도보 8분
- 긴카쿠지

❷ 교토역 출발 **지하철+버스**

- 교토역
  - 가라스마선 7분
- 마루타마치역
  - 도보 2분
- 가라스마마루타마치 정류장
  - 시영버스 204번 18분
- 긴카쿠지미치 정류장
  - 도보 8분
- 긴카쿠지

❸ 가와라마치·시조 출발 **버스**

- 가라스마역 시조타카쿠라 정류장
  - 시영버스 32번 27분
- 긴카쿠지마에 정류장
  - 도보 5분
- 긴카쿠지

킨카쿠지 도착

❶ 교토역 출발 **버스**

- 가라스마나나조 정류장
  - 시영버스 205번 40분
- 킨카쿠지미치 정류장
  - 도보 3분
- 킨카쿠지

❷ 가와라마치·시조 출발 **버스**

- 가라스마역 시조타카쿠라 정류장
  - 시영버스 12번 30분
- 킨카쿠지미치 정류장
  - 도보 5분
- 킨카쿠지

❸ 가와라마치·시조 출발 **한큐+버스**

- 가라스마역
  - 한큐 교토선 3분
- 사이인역
  - 도보 3분
- 니시오지시조 정류장
  - 시영버스 205번 18분
- 킨카쿠지미치 정류장
  - 도보 8분
- 킨카쿠지

아라시야마 도착

❶ 교토역 출발 버스

- 가라스마나나조 정류장
  - 시영버스 28번 45분
- 한큐아라시야마에키마에 정류장

❷ 교토역 출발 한큐+버스

- 교토역
  - 가라스마선 3분
  - 한큐 교토선 5분
- 가쓰라역
  - 도보 2분
- 가쓰라역
  - 한큐 아라시야마선 7분
- 아라시야마

❸ 교토역 출발 JR

- 교토역
  - JR 산인본선 11분
- 사가아라시야마

❹ 가와라마치·시조 출발 버스

- 시조카라스마 정류장
  - 교토버스 73번 40분
- 한큐아라시야마에키마에 정류장

❺ 가와라마치·시조 출발 한큐

- 가라스마역
  - 한큐 교토선 5분
- 가쓰라역
  - 도보 2분
- 가쓰라역
  - 한큐 아라시야마선 7분
- 아라시야마

후시미이나리타이샤 도착

❶ 교토역 출발 JR

- 교토역
  - JR 나라선 5분
- 이나리역
  - 도보 5분
- 후시미이나리타이샤

❷ 가와라마치·시조 출발 지하철+JR

- 시조역
  - 가라스마선 4분
  - 도보 3분
- 교토역
  - JR 나라선 5분
- 이나리역
  - 도보 5분
- 후시미이나리타이샤

❸ 가와라마치·시조 출발 한큐+버스

- 시조타카쿠라 정류장
  - 시영버스 203번 5분
- 시조케이한마에 정류장
  - 도보 3분
- 기온시조역
  - 케이한 본선 10분
- 료코쿠다이마에후카쿠사역
  - 도보 7분
- 후시미이나리타이샤

오하라 도착

❶ 교토역 출발 버스

- 교토에키마에 정류장
  - 교토버스 17번 1시간 10분
- 오하라 정류장

❷ 교토역 출발 지하철+버스

- 교토역
  - 가라스마선 20분
- 고쿠사이카이칸역
  - 도보 4분
- 고쿠사이카이칸에키마에 정류장
  - 교토버스 19번 22분
- 오하라 정류장

❸ 가와라마치·시조 출발 버스

- 시조카라스마 정류장
  - 교토버스 17번 55분
- 오하라 정류장

우지 도착

❶ 교토역 출발 JR

- 교토역
  - JR 나라선 22분
- 우지역

❺ 가와라마치·시조 출발 지하철+JR

- 시조역
  - 가라스마선 4분
- 교토역
  - JR 나라선 22분
- 우지역

What to Eat

교토의 먹을거리

교토에는 예로부터 전해져오는 식재료를 활용한 요리들이 많다. 교토 지역에서 생산된 식재료로 만드는 가정식 오반자이를 비롯해 따뜻한 두부 요리인 유도후, 고사리 줄기로 만든 와라비모치, 교야사이도 교토에서 꼭 맛봐야 할 음식이다.

오반자이 おばんざい

오반자이는 교토의 정갈한 식문화를 보여주는 지방 요리다. 교토의 전통 음식 문화를 대표하며 특별한 행사가 아닌 일상에서 즐기는 가정식이다. 우리네 식단과 같이 밥과 국, 반찬으로 이루어져 있다. '반찬'이라는 뜻이며 교토 사람들은 '오카즈'로 부르기도 한다.

가이세키 かいせき

원래 다도에서 여는 차 모임인 오차카이에서 나오는 요리로 몸을 따뜻하게 하고 허기를 달랠 정도의 가벼운 식사를 뜻한다. 주로 제철의 재료를 사용하여 식재료 본래의 맛을 살려 정성껏 대접한다. 밥과 국, 세 가지 반찬, 채소 절임이 기본으로 나오며 식당마다 변화를 주어 코스를 구성한다.

유도후 湯豆腐

150년 전부터 이어져오는 요리로 두부를 다시마 육수 등의 국물에 삶아 츠유와 가츠오부시 등으로 우려낸 양념장에 찍어 먹는다. 우리나라에서는 유두부라고도 부른다. 육류, 어패류, 달걀을 사용하지 않고 곡물, 콩, 야채 등의 식물성 재료와 해조류를 사용하는 사찰 요리로도 이어져 교토의 사찰 근처에서 많이 접할 수 있다.

니신소바 にしんそば

150년 전부터 전해져 내려왔으며 짭짤하게 끓인 청어를 따뜻한 소바 위에 올린 요리다. 말린 청어는 보존성이 좋은 덕분에 내륙 지방이라 생선을 많이 접할 수 었던 교토 사람들에게 좋은 식재료였다고. 니신소바를 처음 먹는다면 생각보다 커다란 청어는 물론 풍부한 양에 놀라게 된다. 부드럽고 짭쪼름한 청어와 담백한 소바가 잘 어울린다.

사바즈시 鯖寿司

소금을 뿌린 고등어는 보존도가 높아 청어와 함께 오래전부터 교토 사람들이 즐겨온 대표 식재료다. 냉장 기술이 발달하지 않았던 시절 일본 중북부 후쿠이에서 잡은 고등어는 소금에 절여 교토까지 운반되었고, 그것을 식초에 담가 스시로 만든 것이 사바즈시다. 두툼한 고등어와 식초의 새콤함, 감칠맛 나는 다시마의 조화를 경험해보자.

츠케모노 つけもの

츠케모노는 일본 가정식에 주로 나오는 절임 반찬으로 여러 채소를 소금이나 식초, 쌀겨, 술지게미 등에 절여서 발효시킨다. 교토의 신선한 채소를 사용해 건강하고 아름다운 색감까지 즐길 수 있다.

와라비모치 わらび餅

고사리 줄기로 만든 와라비모치는 독특한 식감과 풍미가 일품이며 우리네 떡과 비슷하다. 콩가루나 말차가루, 검은 꿀인 구로미츠를 뿌려 먹거나 팥소가 들어 있기도 하다. 여름 대표 간식으로 편의점이나 마트에서도 팔지만, 교토에서는 장인이 만든 진짜 와라비모치를 맛볼 것을 추천한다.

쿠즈키리 葛切り

옛 교토의 문인들이 여름에 즐겨 먹었던 별미다. 칡가루를 젤리 상태로 만든 다음 칼국수처럼 잘라 먹는데 콩가루나 흑설탕 시럽을 뿌려 먹는다.

교야사이 京野菜

교토는 대부분의 현이 내륙 지방이라 해산물이 귀하고 채소가 주요 식량원이었다. 가모나스 가지, 쿠죠 파, 만간지 고추 등 교토의 깨끗한 물과 자연, 교토 사람들이 정성껏 재배한 교야사이로 만든 요리를 맛보자. 특히 교토의 여름 채소인 가모나스 가지는 반으로 잘라 기름에 구워 된장과 함께 껍질째 먹는다.

Enjoy Coffee

커피를 위한 특별한 공간

교토 여행 중 커피 한 잔의 여유를 즐기고 싶다면 교토의 색깔을 담은 카페를 방문해보자. 한 잔의 커피도 특별한 곳이 바로 교토다.

블루보틀 교토
Blue Bottle Coffee

블루보틀 교토점은 세계적인 커피 체인인 블루보틀 커피의 간사이 첫 번째 지점이다. 100년이 넘은 전통 가옥을 개조했지만 높은 천장과 통유리 덕분에 갤러리 같은 분위기를 풍긴다. 인기 메뉴는 카페 라테. 입구 쪽 건물에서는 블루보틀 관련 굿즈도 판매한다.

64, Nanzenji Kusagawacho, Sakyo-ku, Kyoto-shi 9:00~18:00(연중무휴) 신용카드 가능
store.bluebottlecoffee.jp/pages/kyoto
@bluebottlejapan

스타벅스 니넨자카 야사카차야
STARBUCKS 二寧坂ヤサカ茶屋店

2017년에 문을 연 스타벅스 야사카차야점은 100년 된 2층 전통가옥을 개조한 곳이다. 외관은 니넨자카와의 조화를 위해 초록색 스타벅스 간판 대신 로고가 그려진 포렴(상호가 적힌 입구의 막)으로 장식됐다. 2005년까지 게이샤 등과 같은 일본 전통 연예인을 초대해 공연하는 장소로 사용되던 곳으로 다다미방에서 커피를 즐길 수 있어 특별하다.

349, Masuyacho, Higashiyama-ku, Kyoto-shi
8:00~20:00 신용카드 가능
store.starbucks.co.jp @starbucks_j

%아라비카교토 아라시야마

%ARABICA Kyoto Arashiyama

아라시야마의 절경을 감상하며 강변에서 마시는 커피로 아라시야마 필수 코스다. 일명 '응커피'로 유명한 이곳은 언제나 건물을 빙 둘러쌀 정도로 긴 대기줄이 있지만 대부분 테이크아웃이므로 조금만 기다려보자. 토게츠 다리 근처에 있어 여행의 시작 혹은 마무리로 들르기 좋다. 인기 메뉴는 교토라테.

3-47, Sagatenryuji Susukinobabacho, Ukyo-ku, Kyoto-shi 9:00~18:00(비정기 휴무) 신용카드 가능 arabica.coffee @arabica.journal

스텀프 타운 에이스 호텔

Stumptown Coffee Roasters

에이스 호텔 교토 1층 로비 층에 있는 카페로 미국 스페셜 커피 브랜드로 유명하다. 1999년 포틀랜드에 처음 문을 열었고 교토 에이스 호텔 신푸칸점은 첫 해외 지점이다. 커피를 비롯한 다양한 종류의 메뉴를 홈메이드 페이스트리와 함께 즐길 수 있으며 텀블러와 토트백, 머그컵 등 오리지널 상품도 구매할 수 있다. 인기 메뉴는 헤어벤더 에스프레소.

586-2, Banocho, Nakagyo-ku, Kyoto-shi 7:00~19:00(비정기 휴무) 신용카드 가능 www.stumptowncoffee.com/locations/kyoto/ace-kyoto @stumptowncoffee

Souvenirs of Kyoto

교토만의 기념품

교토 하면 전통적인 기념품만 있을 것 같지만 의외로 교토 사람들은 새로운 것을 좋아하는 경향이 있어, 전통과 새로운 것을 융합한 기념품이 많다. 교토의 매력이 듬뿍 담긴 인기 기념품과 추천 상점을 소개한다.

스타벅스 교토 에디션
Starbucks Limited Edition Goods

교토에는 특별한 스타벅스 매장이 있다. 전통 가옥을 그대로 개조한 니넨자카 야사카차야점, 가모가와강이 내려다보이는 산조오하시점, 아티스트의 작품이 설치되어 있는 BAL점, 통유리 밖으로 오래된 신사가 보이는 카라스마 롯카쿠점, 롬 시어터 교토에 위치한 오카자키 츠타야쇼텐, 우지의 뵤도인점이 있다. 교토에서만 구입할 수 있는 스타벅스 텀블러, 머그컵, 카드 등을 기념으로 구입해보자.

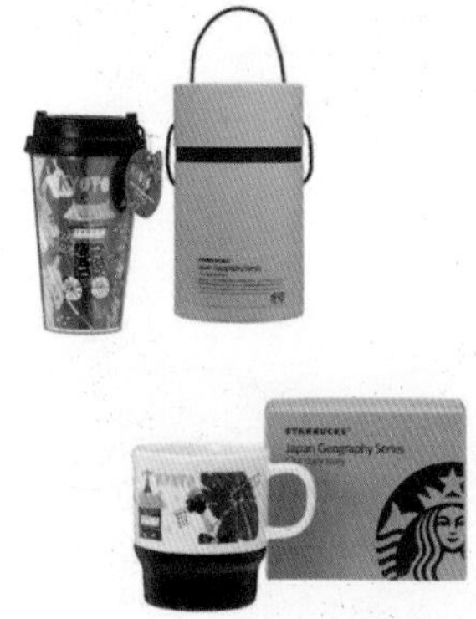

말차 맥주 抹茶ビール

키자쿠라(kizakura)는 후시미 맥주를 최초로 만든 곳이다. 일본 전통주인 사케와 마찬가지로 키자쿠라 맥주도 후쿠수이 명수로 만든다. 말차 맥주는 씁쓸한 말차의 향과 부드러운 녹색 거품이 상쾌하다. 사케와 말차의 장점을 모두 즐길 수 있는 맥주로 교토의 특별한 기념품이다.

키즈쿠라 카파 컨츄리
キザクラカッパカントリー

228, Shioya-cho, Fushimi-ku, Kyoto-shi
11:00~14:30·17:00~21:30
kizakura.co.jp/restaurant/country/ @kizakura_kappa

사케 日本酒

교토는 일본에서 효고 다음으로 큰 사케 생산지다. 약 50개의 양조장이 있으며 특히 후시미 지역은 사케 산지로 유명하다. 11월이면 후시미에서 사케 축제인 '세이슈 마츠리'가 열리며, 사케 시음과 양조장 투어를 할 수도 있다. 교토에서만 구입 가능한 사케들이 있으니 어르신을 위한 선물로 준비해보자.

게케이칸 사케 박물관
月桂冠大倉記念館

600엔 247 Minamihamacho, Fushimi-ku, Kyoto-shi 9:30~16:30
www.gekkeikan.co.jp/enjoy/museum/

츠케모노 つけもの

일본식 절임 채소인 츠케모노는 교토에서 가장 유명하고 대중적인 음식이다. 교토의 식재료로 만들어 건강에 좋고 종류도 다양하며 취향별로 즐길 수 있어 좋다. 진공 포장되어 니시키시장의 상점이나 백화점에서도 살 수 있다.

무라카미쥬 혼텐
村上重本店

190, Sendocho, Shimogyo-ku, Kyoto-shi 9:00~19:00
www.murakamijyuhonten.co.jp

호지차 ほうじ茶

호지차는 교토 사람들이 일상에서 즐겨 마시는 차다. 채취 시기가 늦은 찻잎을 180°C의 강한 직화로 가열하여, 차의 떫은 맛은 사라지고 향이 구수한 것이 특징이다. 녹차의 한 종류로 진한 맥주 빛깔이며 특유의 향이 강하다. 로스팅이 된 덕분에 카페인 함량이 적어 누구나 부담 없이 즐길 수 있고 선물용으로 좋다.

잇포도차호 교토혼텐
一保堂茶舗 京都本店

52, Tokiwagicho, Nakagyo-ku, Kyoto-shi 10:00~17:00
www.ippodo-tea.co.jp
@ippodotea

우치와 団扇

일본 여름 여행에 꼭 필요한 아이템으로 둥근 모양의 부채다. 2,000년 전부터 사용된 우치와는 일본 사람들이 불꽃놀이를 즐기거나 유카타를 착용할 때 꼭 등장한다. 특히 여름이 덥고 습한 교토에서는 날씨가 더워지면 상점이나 거리에서 무료로 플라스틱 부채를 나눠주기도 한다. 대나무살로 만들고 아름다운 그림이 그려진 우치와는 여행자들에게는 더위를 피하기 위한 필수품이 되어주는 것은 물론이고 기념품으로도 딱이다.

킨코도 센슈야 하나오기
錦古堂 扇子屋 華扇

1-264, Kiyomizu, Higashiyama-ku, Kyoto-shi
9:00~17:00

아부라토리가미 あぶらとりがみ

얼굴의 기름기를 닦아내는 화장용 종이로 일명 '기름종이'다. 원래 금박을 붙일 때 사용하는 일본 전통 종이였는데, 기름을 흡착하는 효과가 있어 마이코들이 화장을 고치는 데 사용한 것이 그 유래다. 들고 다니기 쉽고 시즌에 따라 계절 한정 제품도 있어 선물용으로 좋다.

요지야 기온점
よーじや 祇園本店

270-11, Giommachi Kitagawa, Higashiyama-ku, Kyoto-shi 10:30~18:30(금토일 19:00까지) www.yojiya.co.jp

Omiyage in Kyoto

선물하는 즐거움, 오미야게

오미야게(お土産)는 일본의 선물 문화 중 하나다. 일본인들은 여행 후 간단한 먹을거리를 사와 선물하는데 가격은 비싸지 않더라도 포장에 매우 신경 쓴다. 또 선물을 받는 사람에게 먹는 방법 등 사용법을 명확하게 알려준다고. 오미야게로 주로 지역의 명물 과자나 디저트를 선물한다.

야츠하시 八ツ橋

쌀가루와 설탕, 닉키(ニッキ)라고 하는 계피를 혼합해 찌고 얇게 늘린 다음 딱딱하게 구운 전병이다. 요즘은 딱딱한 오센베 야츠하시보다 굽지 않고 쪄서 먹는 '나마 야츠하시'가 더 인기다. 에도시대 중기 교토의 한 사찰과 연결된 참배길에 위치한 찻집에서 참배객들에게 제공하던 것이 시초였다고. 교토의 과자류 기념품 구입 비율 중 96%에 달하는 교토 대표 과자다.

쇼고인 야츠하시 총본점
聖護院八ッ橋総本店 本店

6, Shogoin Sannocho, Sakyo-ku, Kyoto-shi
9:00~18:00
www.shogoin.co.jp
@shogoinyatsuhashi_official

콘페이토 金平糖

센고쿠 시대 포르투갈인이 일본에 들여온 것으로 포르투갈 전통 설탕 과자인 '콘페이토(confeito)에서 유래되었다. 깜찍한 모양과 맛으로 인기를 얻은 별사탕인데, 지금은 일본의 전통 과자로 자리를 잡았다. 수분이 거의 없어 상온에서 장기간 보관이 가능하고 여느 사탕과 달리 여름철 실온에서도 잘 녹지 않아 선물용으로 좋다. 여행자들은 물론 현지의 아이들에게도 인기가 높다.

료쿠주안 시미즈
緑寿庵清水

38-2, Yoshida Izumidencho, Sakyo-ku, Kyoto-shi
10:00~17:00(수요일 휴무)
www.konpeito.co.jp

치리멘산쇼 ちりめん山椒

멸치 치어를 식염수에 삶은 후 햇빛에 말린 후 산초를 더해 직접 쪄내는 식품이다. 교토는 바다와 멀어 예전부터 해산물을 생으로 먹기보다는 소금이나 미소, 간장 등으로 조리해 보존하는 풍습이 있었다. 멸치 외에도 다시마, 버섯, 콩 등을 사용하기도 하며 파스타의 토핑이나 밥 반찬으로도 먹는다. 교토의 전통 식문화를 선물하고 싶다면 치리멘산쇼가 제격이다.

치리멘산쇼 야요이
ちりめん山椒 京佃煮舗 やよい

481, Kiyoicho, Higashiyama-ku, Kyoto-shi 10:00~17:00
www.yayoi-ojako.co.jp
@yayoi_ojako

야자리모치 阿闍梨餅

교토 사람들이 추천하는 전통 과자다. 겉을 쫄깃하게 구운 생과자 안에 고소한 팥 앙금이 들어 있다. 야자리모치는 둥글고 위가 솟은 '아자리'의 모자를 본떠 만든 것으로 과거 승려들이 수행 기간에 배고픔을 달래기 위해 만들어 먹었다고 전해진다. 유통 기한이 길지 않지만 포장이 고급스러워 선물용으로 좋다.

만월
阿闍梨餅本舗満月 本店

139, Tanaka Oicho, Sakyo-ku, Kyoto-shi 9:00~18:00
www.ajyarimochi.com

센베이 煎餅

센베이는 밀가루에 달걀과 설탕을 넣어 만든 반죽을 틀에 넣고 굽거나, 쌀가루를 쪄서 만든 반죽을 넓게 펴 굽거나 튀겨 만든 일본의 전통 과자이다. 일명 '여우 센베이'인 키츠네 센베이는 후시미이나리타이샤 신사 입구에서 살 수 있다. 오곡풍양의 신으로 알려진 여우 탈 형상이며 하얀 된장과 고소한 참깨, 달콤한 설탕이 조화롭다.

이나리야
総本家いなりや

2 Fukakusa Kaidocho, Fushimi-ku, Kyoto-shi
8:30~17:30
www.inariya-kyoto.com

라쿠간 落雁

라쿠간은 곡물 가루 등 전분 분말, 설탕이나 물엿을 넣고 착색하여 건조시키는 건과자의 일종이다. 우추 와가시는 전통을 계승하면서 새로운 감각을 가미한 라쿠간으로 미네랄이 풍부하고 입에서 사르르 녹는 부드러움이 일품이다.

우추 와가시
UCHU wagashi

1F Isetan Department Store, Higashishiokojicho, Shimogyo-ku, Kyoto-shi 10:00~20:00
uchu-wagashi.jp

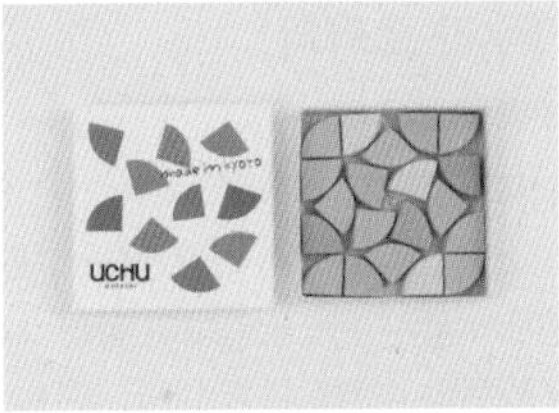

차노카 茶の菓

녹차의 산지로 유명한 교토에서는 녹차나 말차로 만든 과자인 차노카를 만날 수 있다. 말블랑슈의 란구도샤는 납작하고 길다란 모양으로 고양이 혓바닷을 닮았다고 해서 이름 붙여진 쿠키다. 떫은맛이 적은 질 좋은 찻잎으로 만들어 고소하고 화이트 초콜릿과도 잘 어울린다.

말블랑슈 카카오365 기온점
マールブランシュ 加加阿365 祇園店

570-150 Gionmachi Minamigawa, Higashiyama-ku, Kyoto-shi 10:00~17:00
www.malebranche.co.jp/store/95/
@malebranchekyoto

Matcha Dessert of Kyoto

말차 디저트

교토 우지는 일본을 대표하는 차 생산지다. 이곳의 말차는 품질이 좋아 세계적으로도 유명하다. 우지에는 500년 역사를 지닌 차 전문점과 160년이 넘은 디저트 전문점도 있다. 그중에서도 말차를 사용한 아이스크림, 파르페, 젤리, 카스테라, 바바로아 등이 인기다. 고급 말차를 듬뿍 사용하는 교토의 말차 디저트를 반드시 경험해보자.

사료 츠지리 본점

茶寮 都路里

1978년에 설립된 사료 츠지리는 교토의 오랜 전통 찻집 중 하나다. 곱게 간 가루 녹차 음료뿐만 아니라 우지 녹차를 사용해 만든 다양한 디저트가 있다. 추천 메뉴는 '메가매치 파르페'.

573-3 Giomachi Minamigawa, Higashiyama-ku, Kyoto-shi
10:30~ 19:00(주말은 20:00까지)
www.giontsujiri.co.jp/store/saryotsujiri-honten/
@giontsujiri_saryotsujiri

나카무라 토키치

中村藤吉

나카무라 도키치 찻집은 1854년에 설립되었다. 교토에서 가장 역사 깊은 카페에서 우지강을 바라보며 정통 녹차 음료와 디저트를 맛보자. 추천 메뉴는 파르페 '미도리노세카이'.

10 Uji ichiban, Uji-shi, Kyoto-fu 10:00~17:30 okichi.jp
@nakamura_tokichi_official

쥬반셀

ジュヴァンセル

교토의 제과전으로 녹차를 베이스로 만든 초콜릿, 파운드케이크 등이 유명하다. 추천 메뉴는 '말차 퐁듀'로 소스에 찍어 먹는 경단과 제철 과일, 수제 과자가 함께 나온다.

482 Kiyoicho, Yasakatorimae minamihairu, Higashiyama-ku, Kyoto-shi 10:00~18:00
www.jouvencelle.jp
@jouvencelle_kyoto

이토큐에몬
伊藤久右衛門

에도시대에 세워진 오래된 전통 찻집이다. 이토큐에몬의 녹차 디저트는 교토에서 가장 인기 있는 기념품 중 하나다. 추천 메뉴는 '말차 빙수'와 '말차 파르페'.

Aramaki-19-3 Todo, Uji-shi, Kyoto-fu 10:00~18:00
www.itohkyuemon.co.jp
@itohkyuemon

우메조노 카페
うめぞの Cafe & Gallery

1972년 문을 연 교토의 화과자점에서 만든 카페다. 양갱을 베이스로 만든 다양한 디저트를 맛볼 수 있다. 추천 메뉴는 흑설탕 시럽과 함께 나오는 '말차 펜케이크'.

180 Fudocho, Nakagyo-ku, Kyoto-shi 11:30~19:00
umezono-kyoto.com/cafe/
@umezono_kyoto

키노네
和カフェ 季の音

가와라마치에 위치한 곳으로 녹차 파르페, 녹차 케이크 등 다양한 디저트를 맛볼 수 있다. 여행 중에 들르기 좋으며 추천 메뉴는 '몽블랑 케이크'.

384 oneyamachi, Kawaramachi-dori, Nakagyo-ku, Kyoto-shi 11:30~18:30 (화요일 휴무) kyoto-kinone.jp
@wacafe_kinone

이세한 茶房 いせはん

일본식 프리미엄 디저트를 선보이는 곳. 엄선한 재료를 사용해 녹차 젤리, 경단, 소프트 아이스크림을 곁들인 디저트를 맛볼 수 있다. 적당한 단맛으로 깔끔한 디저트가 많다.

242 Seiryucho, Kawaramachi Imadegawa, Kamigyo-ku, Kyoto-shi 11:30~18:30(화요일 휴무)
isehan-kyoto.com
@sabouisehan

맛차하우스 抹茶館

말차 디저트 전문점으로 가와라마치역점과 기요미즈데라점이 있다. 말차 음료, 파르페, 아이스크림, 디저트 등이 있으며 가장 인기 메뉴는 티라미수다. 여행자들 사이에서 인기인 곳으로 늘 대기가 많으니 참고해두자.

가와라마치점 382-2, Komeyacho, Nakagyo-ku, Kyoto-shi / 기요미즈데라점 3-337 Kiyomizu, Higashiyama-ku, Kyoto-shi 11:00~19:30
maccha-house.com

Recommended Route

추천 코스

ROUTE 1

기요미즈데라 & 하나미코지도리

예상 소요 시간 5시간

START_ 기요미즈미치 정류장 ···50m··· **기요미즈자카** ···600m··· **기요미즈데라** ···240m··· **산넨자카** ···400m··· **니넨자카** ···200m··· **고다이지** ···500m··· **야사카 신사(마루야마 공원)** ···350m··· **하나미코지도리 (역순도 가능)**

기요미즈자카

기요미즈자카는 기요미즈데라로 향하는 700m의 언덕길이다. 다른 교통 수단 없이 도보로만 이동할 수 있는 곳이나, 기요미즈자카는 과거 기요미즈데라를 방문하는 참배객들을 위한 찻집과 상점들이 모여 있던 곳으로, 지금은 각종 기념품과 음식점들이 있어 걸으며 구경하는 재미가 쏠쏠하다.

TIP. 기요미즈데라, 산넨자카, 니넨자카를 방문할 경우 시영버스 기요미즈미치 정류장에서 하차해 도보로 이동하면 된다.

기요미즈데라

기요미즈데라는 교토의 대표 명소로 늘 사람들로 붐빈다. 조용하게 경내를 둘러보고 싶다면 아침 일찍 찾아가보자.

TIP. 산넨자카와 니넨자카에는 기념품 가게는 물론이고 잠시 쉬어갈 만한 카페나 찻집이 많기 때문에 시간 여유를 두고 느긋하게 둘러보기를 추천한다.

야사카 신사

656년에 세워진 곳으로 교토 사람들에게 '기온상'이라는 별명으로 불린다. 낮 시간도 좋지만 해가 지고 본당에 등불이 켜지는 저녁 시간에 방문하는 것도 좋다. 일정이 된다면 바로 옆 마루야마 공원도 함께 둘러보기를 추천한다.

하나미코지도리

하나미코지도리는 낮과 밤의 분위기가 전혀 다르다. 전통 가옥 보존지구로 지정된 골목을 걷는 것도 좋지만 게이샤와 마이코를 만날 수 있는 찻집과 식당이 문을 여는 저녁 시간에도 꼭 들러보자. 교토 밤의 매력을 느낄 수 있다.

기요미즈자카

고다이지

기요미즈데라

니넨자카

하나미코지도리

ROUTE 2

시조도리 & 니시키시장

예상 소요 시간 4시간

START_ 기온시조역 350m **폰토초** 85m **키야마치도리** 800m **시조도리** 200m **니시키시장**

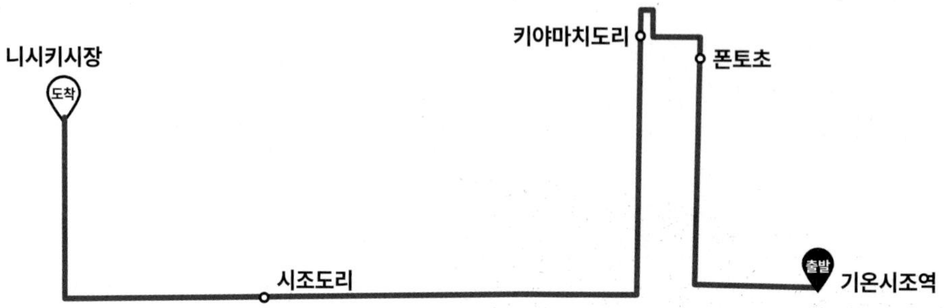

폰토초

폰토초는 가모가와강을 따라 남북으로 이어진 약 500m 길이의 골목이다. 전통 요리집이나 레스토랑이 즐비하다. 기온과는 또 다른 이국적 분위기의 전통 유흥가이므로 꼭 한번 들러보자.

TIP. 가모가와 강바람을 맞으며 잠시 휴식을 가져보자. 여름에는 강변을 따라 대형 평상인 노료유카가 설치되어 저녁 식사를 즐기는 것도 좋다.

키야마치도리

작은 강을 따라서 남북으로 길게 이어진 거리로 카페와 레스토랑이 많다. 산책을 즐기거나 사진을 찍는 사람들로 활기찬 곳. 벚꽃철이 되면 강 전체가 벚꽃으로 덮이는데 야간에는 조명이 더해져 더욱 로맨틱해진다.

시조도리

교토 시가지를 관통하는 왕복 4차선 도로다. 도로를 따라 노포부터 대형 백화점, 쇼핑몰이 위치해 언제나 사람과 차로 붐빈다. 7월이면 야사카 신사에서 시작하는 기온마츠리의 주요 무대로 변한다.

니시키시장

역사 깊은 교토의 식문화를 직접 체험할 수 있는 곳으로 교토 여행 중에 반드시 들러야 할 곳이다. 교토의 부엌이라고 불리는 곳으로 해산물, 야채 등 신선한 식재료와 반찬을 파는 가게들이 즐비하다. 다코타마고, 다시마키, 사쿠라모찌, 두유 아이스크림 등 간단히 즐길 간식거리도 많다.

TIP. 니시키시장은 아침과 오전에 가장 붐비고 점심 이후가 비교적 한산한 편이다.

니시키시장

폰토초

시조도리

키야마치도리

ROUTE 3

긴카쿠지 & 철학의 길 & 난젠지

예상 소요 시간 4시간

START_ 긴카쿠지마에 정류장 ···350m··· 긴카쿠지 ···800m··· 철학의 길 ···850m··· 에이칸도 ···550m··· 난젠지 ···1.2km··· 헤이안진구

긴카쿠지

긴카쿠지는 이름과 달리 소박한 외관의 2층짜리 목조 누각으로 유네스코 세계문화유산으로 지정되었다. 흰모래로 만든 모래정원 긴샤단과 달빛을 감상하기 위해 만든 고게츠다이가 아름답다. 전망대에 오르면 긴카쿠지를 한눈에 조망할 수 있다.

TIP. 긴카쿠지로 간다면 버스를 이용해 긴카쿠지마에 정류장에서 하차 후 도보로 이동하면 된다.

에이칸도

가을 단풍으로 유명하지만 사계절 언제 찾아도 아름다운 사찰이다. 회랑이 모두 연결되어 산책을 하듯 경내를 둘러볼 수 있어 특별하다. 유명한 아미타여래불상을 만날 수 있고, 층계를 올라가면 시내를 전망할 수도 있다.

철학의 길

가장 교토스러운 산책을 즐기고 싶다면 철학의 길을 추천한다. 수로를 따라 이어진 2km 구간은 봄에는 벚꽃이 피고 가을에는 단풍으로 물들어 '아름다운 일본 거리 100선'에도 선정되었다. 벤치에 앉아 시간을 보내거나 카페와 식당에서 휴식을 갖는 것도 좋다.

난젠지

일본 최초의 왕실 사찰로 1800년 후반 비와코 호수의 물을 끌어오기 위해 만든 로마식 인공 수로인 수로각이 있다. 교토의 포토 스폿 중 하나로 애니메이션과 드라마의 촬영지로도 알려져 철학의 길과 함께 들러야 하는 필수 코스다.

헤이안진구

난젠지까지 산책 후 조금 더 걷고 싶다면 헤이안진구까지 걸어보자. 교토 천도 1,100주년을 기념해 만든 곳으로 붉은색과 초록색이 인상적이다. 연못과 정원수가 아름답고 봄에는 벚꽃이 만개한다. 근처에 교토국립현대미술관이 위치한다.

TIP. 헤이안진구에서 일정을 시작한다면 시영버스를 이용해 헤에이안진구마에 정류장에서 하차하면 된다.

난젠지

긴카쿠지

헤이안진구

에이칸도

철학의 길

ROUTE 4

킨카쿠지 & 료안지 & 닌나지

예상 소요 시간 4시간

START_ 킨카쿠지마치 정류장 250m • 킨카쿠지 1.4km • 료안지 1km • 닌나지 2.5km • 기타노텐만구

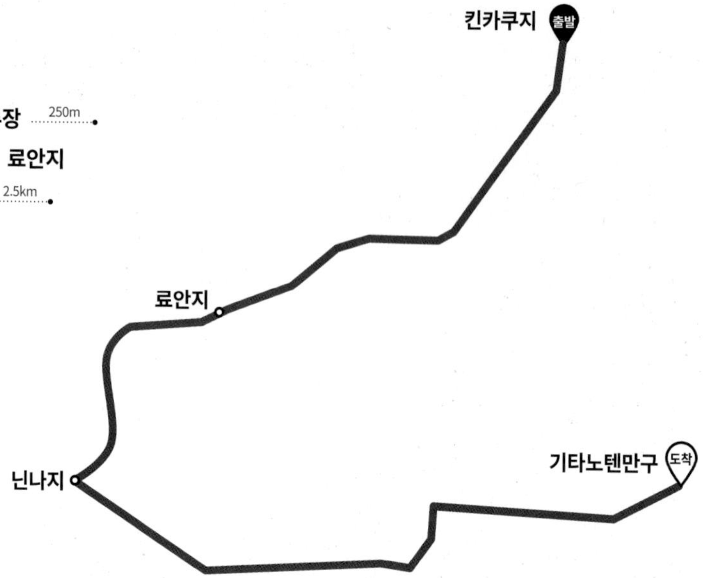

긴카쿠지

소박한 긴카쿠지에 조금 실망했다면 '황금의 집'이라는 뜻의 킨카쿠지를 방문해보자. 맑은 날이면 연못에 금각이 그대로 비쳐 그림 같은 모습을 연출, 석양을 받으면 특히 아름답다. 킨카쿠지-닌나지로 이어지는 산책로 '기누카케노미치'의 시작점으로 삼기 좋다.

료안지

물 없이 돌과 모래를 이용해 자연을 표현한 가레산스이 양식의 정수를 만날 수 있다. 오닌의 난과 화재로 대부분의 건물은 소실되었지만 정원을 보기 위해 방문할 가치가 있다. 엘리자베스 여왕이 극찬한 곳으로도 유명하다.

닌나지

교토에서 벚꽃이 가장 늦게 피는 사찰로 벚꽃 구경을 놓친 사람들이 찾는 명소다. 유네스코 세계문화유산으로 지정되었으며 오층탑을 배경으로 벚꽃이 만개한 모습이 장관이다. 다른 곳보다 벚나무 키가 작아 눈앞에서 아름다운 벚꽃을 즐길 수 있다.

기타노텐만구

학문의 신을 모시는 신사로 매년 2월이면 정원에서 열리는 매화 축제가 열린다. 가을엔 350그루의 단풍나무가 경내를 아름답게 물들이며, 라이트업 이벤트도 열린다.

기타노텐만구

킨카쿠지

닌나지

료안지

ROUTE 5

아라시야마

예상 소요 시간 3시간 30분

START_ 한큐 아라시야마역 ···300m··· **아라시야마 공원** ···200m··· **토게츠 다리** ···290m··· **텐류지** ···450m··· **노노미야 신사** ···30m··· **치쿠린**

토게츠 다리

토게츠 다리는 콘크리트 철근 구조이지만 외부가 나무 재질로 되어 아라시야마의 풍경과 잘 어울린다. 다리에서 보는 아라시야마 풍경도 환상적이다. 토게츠 다리는 봄에는 벚꽃, 여름엔 싱그러운 신록, 가을엔 매혹적인 단풍, 겨울의 설경까지 1년 내내 그 모습이 달라 언제라도 절경을 즐길 수 있다.

TIP. 토게츠 다리 옆에 위치한 아라비카 교토 아라시야마점은 여행자들이 찾는 아라시야마의 대표 명소다. 가츠라강을 바라보며 커피 한잔의 여유를 즐겨보자.

텐류지

유네스코 세계문화유산으로 선정된 곳으로 아라시야마 여행의 필수 코스다. 대형 달마도, 법당 천장화 운류즈 등 볼거리도 다양하다. 중앙 연못 둘레를 천천히 거닐며 산책하고, 툇마루에 앉아 아름다운 지천회유식 정원을 감상해보기를 추천한다.

TIP. 아라시야마를 둘러보는 방법으로 자전거와 인력거가 있다. 한큐 아라시야마역 앞에 있는 자전거 대여소를 이용해보자. 토게츠 다리 부근에서는 인력거를 이용할 수 있는데 30분, 60분, 120분 코스까지 다양하다.

치쿠린

300m 길이의 대나무 숲길이다. 늘 사람으로 붐비는 곳으로 이른 아침이나 점심 시간 이후 방문하는 것이 좋다. 12월 초에는 라이트업 행사가 열려 더 멋진 풍경을 만날 수 있다.

노노미야 신사

인연을 맺어주고 아이 복을 준다는 신사로 유명하다. 신이 깃든 돌이라고 하는 '가메이시'를 쓰다듬으며 기원하면 1년 이내에 소원이 이루어진다고 한다. 노노미야 신사의 하트 모양 '에마(소원을 적는 나무판)'에 소원을 적어보자. 에마는 기념으로 가져가도 되지만 봉납하지 않으면 기도의 힘을 발휘하지 못한다고.

텐류지

노노미야 신사

토게츠 다리

아라시야마 공원

치쿠린

자전거로 여행하는 교토

something special

교토 시내는 면적이 작은 편이다. 주요 명소 위주로 둘러볼 계획이라면 자전거를 이용하는 것이 좋다. 자전거는 교통 체증이나 환승 걱정이 없어 원하는 곳으로 언제라도 이동할 수 있다는 게 장점. 또 아기자기하고 고즈넉한 교토의 매력을 몸소 느낄 수 있기 때문에 일정 중 짧게나마 자전거를 타고 여행해보기를 추천한다.

자전거로 둘러보기 좋은 교토

교토의 도심은 평탄해 자전거를 타기 좋다. 또 교토 시내의 주요 도로는 동서남북 직선으로 쭉 뻗어 있어 방향을 찾기도 쉽다. 가모가와강변을 따라 자전거를 타기도 좋아 도심 속에서 색다른 여행을 즐길 수 있다. 자전거 대여 비용은 하루 1,500엔 내외로 경제적이라 부담 없다.

자전거로 여행하기 좋은 지역

라쿠추 지역: 교토 시내 중심부라는 뜻의 '라쿠추' 지역은 가와라마치, 시조, 산조 일대의 번화가이며 자전거로 둘러보기에 좋다. 게이샤와 마이코를 만날 수 있는 하나미코지도리, 가장 교토스러운 골목의 폰토초 등이 있다. 또 평탄한 대로를 따라서 백화점이 늘어서 있어 쇼핑과 식사를 즐기기에도 좋다. 단 가와라마치도리와 시조도리 일부는 자전거 주행이 금지된 구간이 있으니 주의하자.

라쿠세이 지역: 교토의 서쪽이란 뜻의 '라쿠세이' 지역도 자전거로 여행하기 좋다. 여행자들이 많이 찾는 아라시야마가 포함된다. 산과 붙어 있어 도심보다는 언덕길이 많은 편이지만 잔잔한 바람을 맞으며 자전거를 탈 수 있어 매력적이다. 대부분 포장도로이지만 도보 여행자들이 많은 일부 지역에서는 잠시 자전거에서 내려 걷는 것도 추천한다.

라쿠토 지역: 가모가와강을 기준으로 동쪽이란 뜻의 '라쿠토' 지역 역시 자전거로 둘러보기 좋다. 여행자들이 즐겨 찾는 긴카쿠지, 철학의 길, 에이칸도, 난젠지, 헤이안진구, 기요미즈데라, 산넨자카, 야사카 신사 등이 있다. 교토의 주요 명소이고 시내와 가깝기 때문에 자전거로 둘러보기 좋다. 여행자가 특히 많은 기요미즈데라의 자전거 전용 주차장에 자리가 없다면 가까운 시영 기요미즈자카 관광 주차장 내 자전거 주차장을 이용하면 된다. 산넨자카와 니넨자카 등 언덕길은 계단이 많고 가팔라 자전거 주행이 금지된 곳도 있으니 참고하자.

교토시 인증 자전거 대여점

자전거를 빌릴 때는 여행자들이 안심하고 자전거를 대여할 수 있는 조건을 갖춘 '교토시 인증 자전거 대여점'을 이용하는 것이 좋다. 영어 응대가 가능하고, 만약의 사고를 대비해 '자전거 손해배상보험' 등에도 가입할 수 있다. 사전에 자전거 교통 법규를 이용자들에게 설명해주므로 잘 활용해보자.
전기 자전거, 변속 기능이 탑재된 자전거, 생활용 자전거, 접이식 자전거를 구비하고 있으며 가족 여행자를 위한 어린이용 자전거도 대여할 수 있다.
kyoto-bicycle.com/ko/rental_search#rentalmap

알아둬야 할 매너와 통행 규제 지역

교토는 택시나 버스 등은 물론 자전거 이용자가 많은 도시이기 때문에 관련 법규와 매너를 지키는 것이 중요하다. 일본에서도 자전거는 자동차와 동급이므로 차도의 좌측으로 이동하는 것이 원칙이다. 또 인도에서 주행 시에는 보행자가 우선이기 때문에 자전거는 차도 쪽으로 붙어서 서행해야 한다.
공공 도로와 공원 등 공공 장소에 자전거를 세운 뒤 그 자리를 벗어나면 철거 대상이 된다. 철거된 자전거를 반환 받으려면 자전거 보관소에서 본인 신분증을 확인한 뒤 철거 보관료 3,500엔을 지불해야 하니 주의하자. 또 중심 시가지의 좁은 골목은 자전거 통행이 금지되는 곳도 있다. 이런 경우 근처 자전거 주차장에 자전거를 세우고 자유롭게 산책하기를 추천한다.

아라시야마에서의 특별한 경험

something special

아라시야마를 더욱 특별하게 즐길 수 있는 방법이 있다. 과거부터 일본 귀족들이 이곳을 휴양지로 삼은 것도 뭔가 특별함이 있기 때문이 아니었을까. 여행은 커다란 사건보다는 작은 추억이 모여 기억을 완성한다.

인력거 체험

아라시야마의 대표적인 명소를 인력거를 타고 둘러볼 수 있다. 짧은 시간에 아라시야마를 둘러보고 싶거나 여행자들은 잘 모르는 곳까지 가보고 싶다면 추천한다. 지붕이 있어 여름에는 햇볕을 피할 수 있고 비나 눈이 오는 날에도 이용할 수 있다. 드라이버가 교토의 역사와 문화에 대해 설명해주며, 포토 스팟에서 사진도 찍어준다. 12분(1구간 2명 5,000엔), 30분, 45분, 60분, 120분, 180분 등 다양한 코스가 있으며, 편도만 이용하거나 목적지를 정해 이용할 수도 있다. 예약 가능하고, 예약 없이 현장에서 바로 이용하는 것도 가능하다.

에비스야 えびす屋

3-24, Sagatenryuji Susukinobabacho, Ukyo-ku, Kyoto-shi
ebisuya.com/branch/arashiyama
10:00~일몰 *계절에 따라 변동 있음(휴무 없음)
1구간(12분): 1명 4,000엔, 2명 5,000엔 *구간별 상이

기모노 포레스트에서 한 컷

사가아라시야마역 근처의 기모노 포레스트는 SNS에서 유명한 곳이다. 교토 전통 염색 기법인 교유젠으로 만든 천을 기둥으로 세워 숲과 같은 분위기를 연출한다. 매력적인 교유젠의 색감과 패턴은 밤이 되면 라이트업으로 더욱 아름답다. 기모노와 관련된 다양한 숍이 있어 특별한 쇼핑을 즐기기 좋으며, 렌탈숍도 있어 직접 기모노를 입고 사진을 찍을 수도 있다.

조잣코지 초록 단풍

100명의 가인이 지은 와카를 엄선해 수록한 <백인일수>에도 등장하는 곳으로, 1595년에 지어졌다. 오구라 산 중턱에 위치하며 단풍 명소로도 유명하다. 산을 산책하면서 불당을 돌아보거나 아름다운 자연 속에서 힐링을 누리는 등 운치 있는 시간을 보낼 수 있다. 이곳은 가을 단풍이 유명하지만 여름날에 싱그러운 신록도 매력적이다. 신선한 공기를 마시며 아라시야마의 신록을 즐겨보자.

요지야 카페에서 디저트와 쇼핑

아라시야마의 요지야 카페는 복층 구조와 중정 등 일본 특유의 건축 양식을 갖추고 있다. 요지야의 시그니처인 파르페는 스푼으로 떠 먹기 아까울 정도다. '오맛차 파르페'에는 고급 녹차인 교쿠로와 아이스크림, 말차 젤리가 들어간다. 콩고물 아이스크림과 흑당 젤리가 달콤하면서도 부드러운 '기나코 파르페'도 인기 메뉴다. 굿즈를 판매하고 있어 선물용 쇼핑을 즐기기에도 제격이다.

요지야 카페 사가노아라시야마점
よーじやカフェ 嵯峨野嵐山店

2-13, Sagatenryuji Tateishicho, Ukyo-ku, Kyoto-shi
www.yojiyacafe.com
10:00~18:00(마지막 주문 17:30) *계절에 따라 변동

일본 원숭이 먹이 주기

아라시야마 몽키파크 이와타야마에는 일본 원숭이 약 120마리가 야생 상태로 살고 있다. 입구에 있는 120단의 계단을 오른 후에는 완만한 언덕의 하이킹 코스로 산 정상 휴게소까지 20분 정도 소요된다. 휴게소 안에서는 원숭이들에게 먹이를 줄 수도 있다. 산 정상에서 바라보는 시가지의 풍경이 아름답다.

풋스파로 피로 풀기

산책으로 지친 몸을 풋스파로 풀어보자. 탕 속에 발을 담그고 있으면 그 온기가 발끝부터 몸 속으로 전해지며 족욕 후 대나무를 사용한 발 마사지를 받고 나면 온몸의 피로가 싹 풀린다. 30분, 50분 코스가 있으며 음료와 디저트도 제공된다. 차, 말차, 소금, 꽃 등을 재료로 한 풋스파를 즐길 수 있는데 꽃 족탕은 알록달록한 색감이 아름다워 사진 찍기에도 좋다. 여벌의 바지가 준비되어 부담 없이 이용할 수 있다.

아라시유 아라시야마 본점
嵐湯 嵐山本店

35-40, Sagatenryuji Tsukurimichicho, Ukyo-ku, Kyoto-shi
www.arashiyu.jp
11:00~19:00(마지막 접수 18:30)
@arashiyu.kyoto

교토에서만 즐기는 미식 투어

something special

교토 여행에서 빼놓을 수 없는 것은 바로 음식. 누구나 찾는 맛집도 좋지만 진짜 교토의 맛을 느끼고 싶다면 다양한 현지 미식 투어 프로그램을 활용하자. 관광과 식사를 동시에 즐길 수 있어 경제적이고, 현지 가이드(영어)가 함께해 여행책에는 나오지 않는 숨은 맛집을 경험할 수 있다.

니시키시장 미식 투어
Food and Drink Tour at Nishiki Market

니시키시장은 교토의 음식 문화를 느끼기에 가장 좋은 곳이다. 오랜 세월 '교토의 부엌'으로 불리며 교토 사람들의 사랑을 받아온 가장 큰 식품 시장이다. 130여 개 상점에서 해산물, 길거리 음식, 건조 식품, 말차 디저트 등 다양한 먹거리를 판매한다. 대부분의 상점 직원들은 일본어를 사용하기 때문에 현지 가이드를 통해 편하게 주문하고 둘러볼 수 있다. 교토에서 가장 있기 있는 현지 투어이며 책에 없는 진짜 교토의 음식을 맛볼 수 있다.

기온 가이세키 미식 투어
Kaiseki Tour at Gion

야사카 신사에서부터 하나미코지도리가 있는 기온 지역은 밤이 되면 북적이던 골목이 한적해지고 진짜 모습을 드러낸다. 기온 가이세키 미식 투어는 교마치야, 전통 찻집, 고급 식당이 늘어선 기온을 둘러보고 백화점 식품 상가를 방문하는 일정이다. 마지막에 재철 식재료로 만든 10코스 가이세키 요리를 맛볼 수 있다.

아라시야마 미식 투어
Kyoto Food and Drink Tour at Arashiyama

교토의 서쪽에 위치한 아라시야마는 교토 여행자라면 반드시 찾아야 할 곳이다. 아라시야마 여행과 현지 음식을 함께 즐기고 싶다면 투어를 이용해보자. 경험이 풍부한 가이드를 따라 반나절 동안 토게츠 다리, 텐류지, 치쿠린 등 주요 명소를 도보로 둘러보고, 고로케, 네기야키, 일본 과자, 녹차 등 다양한 전통 길거리 음식을 맛볼 수 있다.

교토 폰토초 바 호핑 투어
Kyoto Pontocho Bar Hopping Tour

폰토초는 에도시대부터 게이코와 마이코들이 살던 곳으로 19세기 교토의 대표적인 유흥가였다. 전통 음식점과 카페들이 몰려 있고, 가모가와강과도 가까워 여행자들의 필수 코스 중 하나다. 현지의 이자카야 문화를 느끼고 싶지만 조금 부담스러웠다면 투어를 이용하는 것이 좋다. 현지 가이드와 함께 3시간 동안 진행되며, 폰토초의 밤을 제대로 즐길 수 있다.

후시미 사케 투어
Sake Tasting and Brewery Experience

사케의 마을로 유명한 후시미의 게케이칸 사케 박물관과 양조장을 방문하는 투어다. 가이드가 사케의 역사부터 사케 맛의 차이, 생산 방식 등을 설명해줘 이제껏 경험하지 못한 사케의 세계를 만날 수 있다. 양조장 투어가 끝나면 사케 시음은 물론 일본 간식이자 마른 안주인 다양한 오츠마미도 함께 제공된다. 선물용 사케를 구입하기에도 좋다.

- 클룩 www.klook.com
- 마이 리얼 트립 www.myrealtrip.com
- 재팬 원더 트래블 www.japanwondertravel.com

가이세키를 즐기는 방법

something special

'가이세키 요리(懐石料理, かいせき)'란 일본 전통식 저녁 코스 요리로 원래 차 모임인 오차카이에 나오는 요리를 뜻한다. 수수하고 아름다움을 추구하는 일본 다도 사상을 표현하기 위해 제철 재료를 사용하며 재료 본연의 맛을 살리는 것이 가장 큰 특징이다. 요리의 촉감, 색감, 냄새는 물론 식기와의 조화까지 고려하며, 한 가지 요리를 다 먹은 후에 바로 다음 요리를 내오는 등 손님을 극진히 대접하는 주인장의 마음을 느낄 수 있다. 가이세키 레스토랑의 메뉴는 일반적으로 미리 정해져 있다. '이치주산사이(一汁三菜)'라고 하여 밥과 국, 세 가지 반찬, 고노모노(채소 절임)을 기본으로 하지만 음식점에 따라 다른 메뉴가 추가되기도 한다.

가이세키 식사 예절

가이세키 음식점의 경우 다도 모임처럼 예절이 엄격하진 않으나 기본 매너는 알아두도록 하자. 다다미방에 들어갈 때 문지방을 밟아서는 안 되며 양말이나 스타킹을 신어야 한다. 향이 진한 향수는 음식의 향을 즐기는 데 방해가 되기 때문에 자제하며, 그릇에 흠집을 내지 않도록 식사 전 반지를 빼는 것도 좋다.
상석은 바닥이 살짝 더 높은 곳, 벽에 족자가 걸리거나 바닥에 꽃 장식품이 있는 쪽이다. 입구와 가까울수록 말석이다. 방 안에서 이동하는 경우 방석을 가랑이 사이에 두고 서 있거나 밟으면 안 되며, 앉을 때는 무릎을 꿇고 방석의 옆에서 살짝 방석 위로 이동해 앉으면 된다.
오른손잡이는 젓가락을 오른손으로, 그릇은 왼손으로 들면 된다. 손바닥보다 작은 그릇은 들고 먹고, 큰 그릇은 테이블에 놓고 먹는다. 밥그릇, 국그릇, 작은 주발, 작은 접시, 돈부리 등은 들고 먹으면 된다. 접시를 들지 않을 때는 앞접시에 덜어 먹거나 냅킨을 사용하며 왼손을 앞접시처럼 사용하지 말자.
회를 먹을 때는 와사비를 간장에 풀지 않고 젓가락으로 조금 떼어 생선에 직접 묻힌 후 종지에 담긴 간장을 찍어 먹으면 된다. 밥, 국물, 채소절임 등은 한 번에 다 먹지 말고 고루 번갈아가며 먹으면 된다.

가이세키 메뉴 순서와 먹는 법

❶ **사키즈케(先付):** 가장 처음 나오는 요리로 보통 식전주와 함께 시작한다. 채소 무침이나 나마스(잘게 자른 생선과 채소 초무침) 등 산뜻한 맛의 요리로 구성된다.

❷ **니모노완(煮物椀):** 니모노완은 뚜껑이 있는 완(오목한 공기)에 담겨 나오는 요리다. 주로 제철 생선과 채소, 닭고기 등을 넣은 맑은 국이 나오는데 왼손으로 오목한 공기를 잡고 오른손으로 뚜껑을 열면 된다.

❸ **츠쿠리(造り):** 생선 회로 요리를 담았을 때 겉으로 드러나지 않는 부위에 칼집을 넣어 먹기 쉽게 한 요리다. 나에게서 멀어질수록 간이 강하기 때문에 가까운 것부터 순서대로 먹으면 된다.

❹ **야키모노(焼物):** 메인 요리인 생선구이다. 주로 제철 흰살생선을 사용하지만 최근에는 음식점에 따라 와규나 조개류, 갑각류가 나오는 경우도 있다.

❺ **하시야스메(箸休め):** 국물 요리로 작은 그릇에 담겨 나온다. 다음 요리를 먹기 전 입안에 남은 요리를 말끔하게 정리하기 위한 것이니 국물은 다 마시도록 하자.

❻ **핫슨(八寸):** 해산물과 채소, 산과 바다의 별미 등이 담겨 나온다.

❼ **다키아와세(炊き合わせ):** 채소에 간을 해 익힌 요리로 뚜껑이 있는 그릇에 담겨 나온다.

❽ **밥과 고노모노(香の物):** 갓 지은 쌀밥과 영양밥, 아카미소로 만든 미소시루, 3~5종류의 채소 절임이 작은 접시에 담겨 나온다. 츠케모노는 식사가 마무리되었다는 뜻이다.

❾ **과자·말차:** 식후 입가심을 하기 위해 대부분 맛과 향이 산뜻한 화과자나 과일로 구성된다. 화과자와 말차가 제공되는 경우 종이를 사용해 화과자를 집은 다음 이쑤시개를 사용해 먹고 말차를 마시면 된다. 마지막 남은 한 모금은 단숨에 들이켜도록 하자.

something special

마이코와 게이코를 만나다

새하얀 얼굴에 도드라진 빨간 입술. 화려한 기모노를 입고 앙증맞은 접이식 우산을 들고서 새침하게 웃고 있는 모습. 영화 <게이샤의 추억>, 오페라 <나비 부인>에 이르기까지 일찍이 그 신비로운 아름다움에 매혹된 서양인들은 숱한 대중문화에 그네들의 상상력을 보탠 게이샤의 이미지를 등장시켰다. 어쩌면 그녀들은 동양에서 탄생한 첫 월드 스타였던 셈이다.

교토 여행의 행운

거리를 걷다가 우연히 진짜 게이샤를 발견하는 경험은 교토 여행의 행운 중 하나다. 교토에서 게이샤를 마주칠 확률이 가장 높은 곳은 '기온'. 이곳은 게이샤들이 공연을 하고 술자리 시중을 드는 가게인 '오차야'가 가장 많이 밀집해 있는 지역이다. 가장 대중적인 관광 명소인 동시에 여전히 수많은 비밀스러움을 간직한 신비로운 장소가 바로 기온이다.
교토에서는 게이샤를 '게이코'라고 부른다. 원래 게이샤는 예술을 뜻하는 '芸(게이)'와 '者(사람)'를 합친 말로 실제로 '예술하는 사람'을 가리킨다. 교토에서는 '者' 대신 '子'를 붙이는데 혹독한 수련 과정을 거쳐 달인 수준의 예술 소양을 갖춰야 '子'라는 칭호를 얻을 수 있다고 한다.

마이코에서 게이코가 되기까지

'게이코(芸子)'가 되기 전의 수련생이 존재하는데 그들을 '마이코(舞妓)'라 부른다. 마이코가 되고 싶은 소녀는 중학교 졸업 이후에 지원할 수 있으며, 지망생들은 '오키야'라는 기숙사에서 '넨키'라는 수련 기간을 거쳐야 한다. 약 1년 동안 가족의 면회도, 단 하루의 휴일도 없이 엄격한 수련을 거쳐야 하는데 그 혹독함은 상상을 초월한다고 한다. 마이코가 되려면 높이가 10cm나 되는 나막신 '오코보'를 신느라 발가락이 부르트고, 특유의 머리 모양을 유지하기 위해 목침을 베고 자느라 정수리가 벗겨지고, 한여름에도 20kg에 육박하는 기모노를 입고 다녀야 하는 불편한 삶을 감내해야 한다. 이렇게 힘든 넨키 과정을 거쳐야 마이코가 되고 약 5년 정도가 지나면 비로소 게이코가 되는데, 게이코가 되면 금전적으로나 명예적으로 큰 보상을 받을 수 있다.

오늘날의 게이샤

1950년대를 기점으로 게이샤가 급격하게 줄어 지난 세기 말에는 명맥이 끊어질 뻔한 적도 있지만 최근 지망생이 크게 늘고 있다고 한다. 교토 출신 경제학자 니시오 구미코가 지은 책 《교토 하나마치 경영학》에 따르면 2004년 58명에 불과하던 마이코 수가 5년이 지난 2009년에는 약 77명으로 늘었는데, 이 추세가 점점 더 가파르게 상승하고 있단다. "게이샤가 되고 싶다"며 중학생이 엄마 아빠의 손을 잡고 오키야를 찾거나, 심지어 가정주부까지 찾아온다고. 마이코가 등장하는 영화와 CF도 등장하면서 생긴 일종의 '팬덤 현상'이라는 분석도 있지만 이러한 흐름이 흥미로울 따름이다.

게이샤를 만났을 때 에티켓

게이샤를 만났을 때에는 몇 가지 에티켓을 지켜야 한다. 게이샤는 전문적인 예술가로서 만남을 예약한 후에는 일정을 취소하지 않도록 주의해야 한다. 게이샤와 함께 다과회를 즐기는 경우 게이샤의 행동과 대화에 집중하며, 춤을 추거나 노래를 부르는 동안에는 대화를 피해야 한다.

기온 마이코야 - 게이샤 쇼와 마이코 체험
Geisha Show and Maiko Experience
GION MAIKOYA

100, Rokurocho, Matsubara-dori Yamatooji Higashi iru, Higashiyama-ku, Kyoto-shi
mai-ko.com/geisha/

가장 교토스러운 곳, 교마치야

something special

교토 하면 떠오르는 것 중 하나가 바로 교토의 전통 가옥인 교마치야(京町家)다. 산넨자카, 니넨자카는 물론 교토 곳곳에서 볼 수 있는 교토의 상징이자 전통이다. 하지만 그 수가 급격히 줄어들고 있어 50년 후에는 교토에서 교마치야가 완전히 자취를 감추게 될지도 모른다고 한다.

장어의 침실

교토의 전통 가옥 교마치야는 1000년 전 일본 서민 주택과 도시 주택의 원형이다. 입구가 좁고, 옆면이 깊은 구조로 일명 '장어의 침실'이라고도 불린다. 헤이안시대에는 단순한 오두막 형태였지만 에도시대에 들어 지금의 마을 형태가 갖춰지기 시작했다. 하지만 안타깝게도 1864년 금문의 변(禁門の変) 때 대부분 소실되었다. 지금 남아 있는 교마치야는 메이지에서 다이쇼시대 때 지어진 것이다. 교마치야가 특별한 형태가 된 것은 도요토미 히데요시의 도시 개조 계획의 영향이 크다. 당시 한 마을의 크기는 사방으로 약 120미터의 정사각형이었는데 토지 활용도를 높이기 위해 토지를 세분화하면서 기다란 형태의 교마치야가 만들어졌다.
〈교토시 교마치야 보존 및 계승에 관한 조례〉에서는 '쇼와 25년 이전에 건축', '목조 건축물', '전통적 구조 유지'의 세 가지 조건에 맞을 때 교마치야로 정의한다.

사라질 위기

교미치야는 한 채만 있지 않고 비슷한 외관의 집들이 이어져 있는 경우가 많다. 처마의 높이나 격자의 무늬 등은 조금씩 다르지만 대체로 비슷하여 아름다운 풍경을 자아낸다. 그러나 교마치야의 수가 급격하게 줄어들고 있다. 2008년 48,000여 채가 남아 있었지만 2016년에는 42,000채로 8년 만에 약 11%의 교마치야가 사라졌다. 하루에 2채, 1년에 800채가 사라지고 있는 것. 이런 속도라면 50년 후에는 교토에서 교마치야를 볼 수 없을지도 모른다. 일본 정부에서는 교마치야를 보존하기 위해 노력하고 있지만 거주자의 고령화와 달라진 주택 문화로 인해 어려움을 겪고 있다.

알고 보자, 교마치야

교마치야의 외관은 빛과 바람은 통과하면서 외부의 시선은 차단하기 위해 격자로 만들어졌다. 길 쪽 벽과 격자 하부를 덮는 대나무 울타리 '이누야래'는 집과 길의 경계를 구분하기 위함으로 격자의 직선에 곡선을 더해 매우 아름답다.
내부 구조 중 가장 특이한 점은 길쭉한 통로다. 입구를 통해 들어가면 뒷문까지 쭉 이어지는데 통로를 따라 방과 거실, 부엌이 늘어서 있다. 입구와 가까운 쪽은 작업실 또는 가게 공간으로 쓰이고 안쪽으로 들어갈수록 개인 공간이 있다. 이는 가게와 주거 기능을 동시에 하는 '직주일체형' 형태였기 때문이다. 교마치야는 기둥이나 보를 숨기지 않고 그대로 노출해 돌 위에 기둥이 올라가 있는 경우도 많은데, 이것은 지면의 습기로부터 나무의 부식을 막기 위해서라고 한다.
집에 따라 작은 안뜰인 '나카니와'와 더 안쪽에 '오쿠니와'로 불리는 안뜰이 있다. 거실에서 보는 안뜰은 사계절마다 그 모습을 달리해 특히 아름다우며 통풍과 채광의 역할도 한다.

교마치야를 둘러보자

일반인에게 공개되는 교마치야가 있다. 3월 8일 '마치야의 날'에는 교마치야 근처에서 다양한 이벤트가 열린다. 교마치야는 소중한 문화재인 만큼 견학 시 실내에서 음식을 먹는다거나 맨발로 입장해선 안 된다. 또한 벽이나 가구 등에 소지품이 걸리지 않도록 주의해야 한다. 실내 촬영이 불가능한 곳도 있다.

스기모토가 주택 杉本家住宅

성인 1,500엔, 고교생 이하 800엔 116 Yadacho, Shimogyo-ku, Kyoto-shi
+81-75-344-5724
@narayakinen
www.sugimotoke.or.jp

니시진 생활 미술관 토미타야
西陣くらしの美術館 冨田屋

성인 2,200엔(2일 전 예약 필수) 697 Ishiyakushicho, Kamigyo-ku, Kyoto-shi
+81-75-432-6701
@ tondaya_kyoto
www.tondaya.co.jp

쿠로치쿠 야타케안
八竹庵（旧川崎家住宅）

성인 1,700엔, 중고등생 500엔, 초등학생 200엔
340 Sanjocho, Nakagyo-ku, Kyoto-shi +81-75-708-7189 @hachikuan.kyoto
www.kurochiku.co.jp/hachikuan

여행 중 잠깐의 휴식, 다도

something special

일본의 다도는 일본인의 생활 속에 깊이 스며 있는 전통 문화다. 손님을 위해 마실 것을 준비하는 주인장의 정성과 마음가짐을 나타내는 자세이며, 차를 받는 손님은 이를 감상하는 형태다. 일본어로 다도는 '차노유' 또는 '사도'라고 불린다. 말차 가루 차를 내고 공연하는 다도는 오테마에, 찻잎을 사용하는 다도는 센차도라고 한다.

다도의 의미와 유래

다도는 815년 중국에서 돌아온 에이추 선사가 당시 일본의 사가 덴노를 위해 직접 센차를 바친 것이 시작이다. 덴노는 교토 등 긴키 지방에 차 재배지를 만들 것을 명했고, 수도원이나 귀족층 사이에서 다과회가 유행하면서 품질 좋은 교토산 녹차가 알려지기 시작했다. 12세기부터 본격적인 차 문화가 퍼지기 시작해 16세기에는 모든 계층에서 차를 마시는 것이 일반화되었다.

다도의 예법

다도는 전통적으로 화로가 있으며 바닥에 다다미가 깔린 다실에서 열린다. 손님은 신발을 벗고 다실의 대기실로 안내를 받는다. 주인은 손님에게 절을 하고, 손님은 돌로 된 대야에 손과 입을 씻어 몸과 마음을 정갈히 한 뒤 다다미 방으로 들어간다. 손님은 문과 먼 쪽에 앉으며 벽에 걸린 족자나 방에 장식된 꽃 등을 감상한다.

손님이 무릎을 꿇고 몸을 바르게 하고 앉으면 주인은 차완(찻사발), 가루차용 대나무 숟가락, 차센(대나무 솔)을 사용해 다도를 시작한다. 숯불 위에 놓인 주전자를 사용하며 마지막으로 우려낸 차를 찻잔에 담아 가장 중요한 손님에게 먼저 건넨다.

차를 받은 손님은 찻잔을 들어 올리며 주인에게 고마움을 전한다. 살짝 몸을 옆으로 돌려 한 모금 마신 후 주인에게 차의 맛에 대해 칭찬을 한다. 찻잔을 다음 손님에게 차례로 전달하며 모두가 차를 맛본다.

다도 체험하기

교토의 사원, 호텔, 찻집 등에서 다도 체험을 진행한다. 원래 공식 행사에서는 손님과 주인 모두 기모노를 입지만 여행자의 체험에서는 반드시 기모노를 입을 필요는 없다. 다도란 기본 순서와 예법이 중요한데, 대부분의 다도 체험은 시간을 단축하여 진행하기 때문에 여행자도 마음 편히 즐길 수 있다. 다도의 주요 목적은 주인과 손님 간의 유대감을 높이고 바쁜 일상 속에서 마음의 평화를 얻는 것이니, 사소한 실수에 대한 부담은 내려두고 진정한 다도의 즐거움을 느껴보길 바란다.

고다이지 다도 체험 Tea Ceremony Kodaiji

526 Shimokawaramachi, Higashiyama-ku, Kyoto-shi www.kodaiji.com

기온 마이코야 다도 체험
GION MAIKOYA Tea Ceremony

100, Rokurocho, Matsubara-dori Yamatooji Higashi iru, Higashiyama-ku, Kyoto-shi
mai-ko.com/geisha/

후안 다도 체험 Tea Ceremony Juan

556, Gojo-sagaru, Tominokoji Dori, Shimogyo Ward, Kyoto-shi 10:00~16:00 (주말 휴무) www.teaceremonyjuan.com

다실 다이호안 Taiho-an

Togawa-2, Uji-shi, Kyoto-fu 10:00~16:00
www.city.uji.kyoto.jp

타쿠미노 야카타 Takumi-no Yakata

17-1 Mataburi, Uji-shi, Kyoto-fu 11:00~17:00(수요일 휴무) www.ujicha.or.jp
@kyotoujicha

일본 3대 마츠리, 기온 마츠리

something special

7월은 기온 마츠리를 보기 위해 일본인은 물론 전세계 여행자들이 교토를 찾는 시기다. 7월 한 달 간 교토는 온통 축제로 물든다. 하이라이트인 17일(전제)과 24일(후제)의 야마호코 순행을 즐겨보자.

일본 3대 마츠리 중 하나

매년 7월 한 달 간 일본 교토 기온 야사카 신사를 중심으로 열리는 민속 축제다. 869년 일본 전역에 역병이 창궐했을 때 병을 퇴치하고 죽은 영혼을 위로하기 위해 제를 지내고 기도를 드린 것이 시초로 1,100년 넘는 역사를 가지고 있다. 기온 마츠리는 도쿄의 간다 마츠리, 오사카의 텐진 마츠리와 함께 일본의 3대 축제로 꼽힌다. 오닌의 난(1467~1477)이나 태평양전쟁 기간, 코로나 팬데믹 중 3년 동안 축소 및 중단되었다가 2022년부터 다시 열렸다.
기온 마츠리의 명물 중 하나인 치마키는 조릿대 잎으로 만든 부적이며, 역병과 재앙을 물리치는 데 효험이 있다고 한다. 교토에서는 1년 내내 액막이를 위해 치마키를 현관문에 걸어두는 집도 많다.

움직이는 미술관 야마호코

7월 1일 출정식을 시작으로 '산모양의 꽃수레'라는 뜻의 야마호코 퍼레이드 순서 제비뽑기가 진행된다.
총 33기의 야마호코 중 29기는 중요 유형민속문화재로 지정될 정도로 아름답다. 귀한 직물 등으로 장식한 것도 있어 야마호코를 '움직이는 미술관'이라고도 부른다.
야마호코 중에는 탑승권을 구입하면 탈 수 있는 것도 있다. 야마호코의 내부 구조와 장식을 가까이서 보고 싶다면 저녁 시간보다는 낮 시간을 이용해 탑승해보자.

마츠리의 백미, 요이야마

요이야마란 야마호코 순행 3일 전부터 전날까지의 기간을 통틀어 뜻한다. 시조도리를 경계로 남북으로 펼쳐진 거리 곳곳에 야마호코가 우뚝 서고, 그 주변에 전시물과 판매소, 노점 등이 쭉 늘어선다. 전제인 7월 15·16일 시조도리는 차 없는 거리가 된다.
기온바야시가 울려 퍼지는 가운데 야마호코의 제등에 불이 들어온다. 17일 전제에는 23기, 24일 후제에는 10기의 야마호코가 행차한다.

기온 마츠리 즐기기

야마호코 순행을 유료 관람석에서도 볼 수 있다. 유료 관람석을 구매하면 전제, 후제 통틀어 총 33기의 야마호코 순행을 편안하게 감상할 수 있다. 티켓은 전국의 편의점, 여행사 창구, 인터넷(ja.kyoto.travel) 등에서 구입할 수 있다. 전야제에 해당하는 요이야마 기간에는 약 50만 명의 인파로 도로가 가득하다. 매우 혼잡하기 때문에 걷기 편한 신발과 복장을 갖추는 것이 좋다. 또 덥고 습하기 때문에 수분 보충도 잊지 말아야 한다.

Map of Kyoto

교토 시내 상세 지도

THE TRIP KYOTO
in Google Map

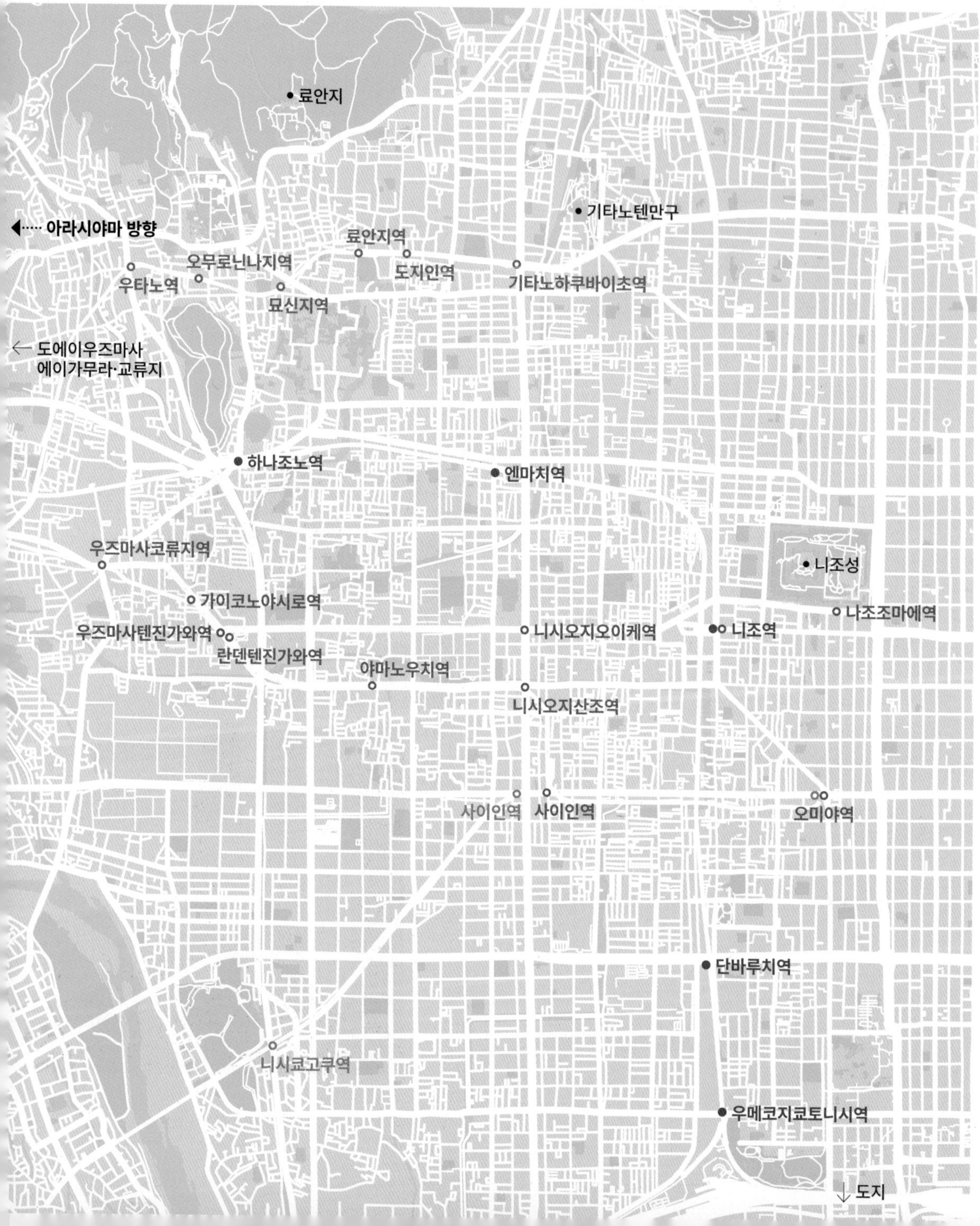

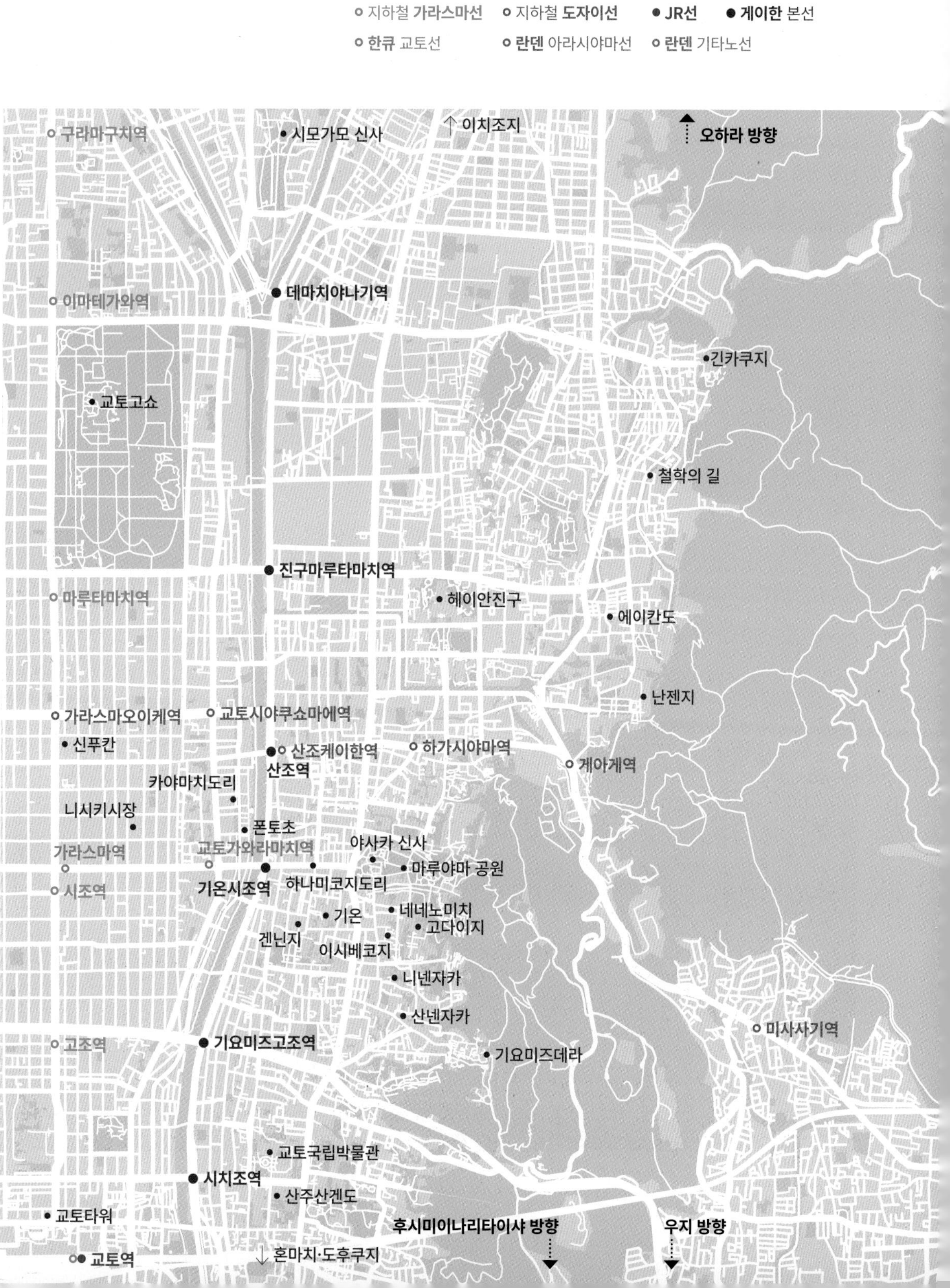

지하철 가라스마선
지하철 도자이선
JR선
게이한 본선
한큐 교토선
란덴 아라시야마선
란덴 기타노선
구라마구치역
시모가모 신사
이치조지
오하라 방향
데마치야나기역
이마테가와역
긴카쿠지
교토고쇼
철학의 길
진구마루타마치역
마루타마치역
헤이안진구
에이칸도
난젠지
가라스마오이케역
교토시야쿠쇼마에역
신푸칸
산조케이한역
산조역
하가시야마역
게아게역
카야마치도리
니시키시장
폰토초
교토가와라마치역
야사카 신사
가라스마역
마루야마 공원
시조역
기온시조역
하나미코지도리
기온
네네노미치
고다이지
겐닌지
이시베코지
니넨자카
산넨자카
미사사기역
고조역
기요미즈고조역
기요미즈데라
교토국립박물관
시치조역
산주산겐도
교토타워
후시미이나리타이샤 방향
우지 방향
교토역
혼마치·도후쿠지

Best Attraction

교토가 처음이라면

교토에서 반드시 가야 할 여행지를 꼽는 것만큼 어려운 일도 없다. 유네스코 세계문화유산부터 노벨상 수상에 일조한 산책로, 좁은 골목을 따라 늘어선 전통 가옥, 헤이안시대부터 귀족들이 찾던 휴양지까지 매력의 폭은 넓디넓다. 그럼에도 첫 교토 여행자를 위한 여행지를 꼽아보았다.

에도시대로 떠나는 시간 여행

기요미즈데라 Kiyomizu-dera

1-294, Kiyomizu, Higashiyama-ku, Kyoto-shi
www.kiyomizudera.or.jp
@feel_kiyomizudera

'교토 답사 1번지', '교토의 불국사'라고도 불리는 기요미즈데라(清水寺)는 교토의 수많은 관광지 중에서도 방문객 1위를 놓치지 않는 곳이다. 기요미즈데라로 이르는 기요미즈자카는 일본 전국에서 수학여행을 온 학생들, 참배객, 외국인 여행객들로 언제나 북적인다. 교토를 다룬 수많은 문학 작품과 대중 매체에 등장하는 교토의 아이콘이며, 1994년에는 고대 교토의 역사 기념물로서 교토의 여러 사적지와 함께 유네스코 세계문화유산에 등재되었다.
778년, 승려 엔친이 오토와 산 중턱에 있는 폭포를 발견하고 그곳에 천수관음상을 모신 것이 기요미즈데라의 시작으로 전해진다. 오랜 역사를 가진 만큼 창건 이래 수차례 화재가 일어나 몇 번이고 재건되었는데 기록에 남은 것만 아홉 차례다. 현재의 건물은 대부분 17세기 초반 도쿠가와 이에미츠의 기부로 재건되었다.
기요미즈데라 경내에는 국보인 본당을 비롯해 유서 깊은 건물이 많다. 본당에는 33년마다 공개하는 비불인 <십일면천수관음상>이 안치되어 있다. 지난 2000년에 공개하여 33년 후에 다시 공개할 예정이지만 2008~2009년에 특별 공개되기도 했으니 2033년이 되기 전에 특별 전시가 열리기를 기대해보자.
본당 앞에는 기요미즈데라의 핵심이기도 한 부타이(무대)가 있다. 원래는 본당 쪽을 바라보고 관음상에게 바치는 춤을 추던 곳이었으나, 지금은 관광객이 경내와 교토 시내를 바라보는 용도의 테라스처럼 사용된다. 높이 약 13m의 느티나무 기둥을 산 경사면에 기대고 400개 이상의 나무

賽銭
防火用水
当山

판자를 깔아 지어졌다. 일본에는 “기요미즈의 무대에서 뛰어내릴 생각으로(清水の舞台から飛び降りるつもりで)”라는 말이 널리 알려져 있는데, 과감하게 일을 결단한다는 의미의 관용적 표현이다. 기요미즈데라를 한자로 읽으면 맑은 물의 절이라는 뜻의 ‘청수사’다. 이 명칭의 유래가 되는 오토와 폭포는 여전히 흐르고 있는데 부타이에서 내려다보면 3개의 작은 물줄기로 흘러내리는 폭포수가 잘 보인다. 예로부터 ‘금빛 물’, ‘부정을 없애는 물’로 알려져 많은 사람들이 받아 마시며 소원 성취를 기원해왔다. 지금도 이 물을 마시기 위해서는 긴 줄을 감내해야 한다.

본당에서 돌계단을 따라 올라가면 지슈 신사가 나온다. 이곳은 인연을 맺어주는 신을 모시고 있는 곳이라 사랑을 이뤄주는 신사로 유명하다. 신사 앞에는 10여 미터 거리를 두고 일명 ‘러브 스톤’으로 불리는 돌 두 개가 일렬로 놓여 있다. 눈을 감은 채 맞은편 돌까지 걸어간 뒤 돌 바로 앞에서 눈을 뜨면 사랑이 이루어진다고 전해진다(지슈 신사는 2022년 8월부터 3년 예정으로 공사 중).

TIP. 본당 맞은편에 있는 탑인 고야스토(子安塔)에서는 본당과 부타이, 교도, 3층탑까지 한눈에 들어온다.

INFO.

6:00~18:00(폐관 시간 계절에 따라 변동) *매년 봄·여름·가을 야간 특별 개장 시 21:30까지

고등학생 이상 400엔, 중학생 이하 200엔

시영버스 100·206·207번 고조자카(五条坂) 정류장 하차 후 도보 10분 / 케이한 본선 기요미즈고조역(清水五条駅) 4번 출구 도보 25분

TIP. 기요미즈데라 내에 위치한 시타키리차야(舌切茶屋)는 우리말로 ‘혀를 자를 정도로 맛있는 찻집’이라는 의미다. 녹차, 무기차 등 음료와 당고, 일본식 팥죽인 젠자이, 쿠즈키리 등을 맛볼 수 있다. 특히 당고와 차 세트(500엔), 말차와 일본식 떡 세트(700엔)가 가장 인기다. 오토와 폭포 바로 근처로 기요미즈데라 구경 중 잠시 들르기 좋다.

9:00~17:00(화요일 휴무)

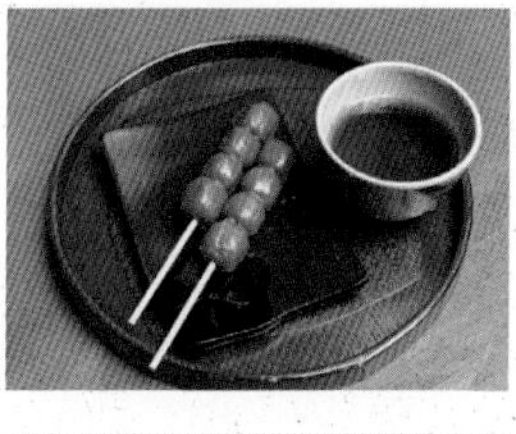

교토의 옛 모습을 간직한 곳

기온 Gion

www.gion.or.jp

기온(祇園)은 교토의 대표적인 유흥가이자 전통적인 모습을 간직한 옛 거리다. 일본의 수많은 드라마와 영화, 소설이 배경으로 삼은 곳이다. 기온은 하나의 거리로 단정할 수 없고, 구역으로 이해하는 편이 쉽다. 동쪽은 야사카 신사, 서쪽은 가모가와, 남쪽은 미야가와초, 북쪽은 산조도리 일대까지다.
기온이라는 이름은 석가모니가 생전에 가장 오래 머물렀다는 인도의 고대 사원, '기원정사'에서 유래했다. 야사카 신사의 참배객들을 대상으로 한때는 일본 최고의 환락가로 이름을 날렸다. 게이샤가 공연하며 술자리의 흥을 돋우는 오차야만 500곳이 넘고, 마이코까지 합치면 1,000명이 넘었을 정도라고 한다. 세월이 흘러 그 수는 크게 줄어들었지만 기온은 여전히 전통의 모습이 남아 있어 특히 관광객들에게 인기가 높다.
가와라마치에서 야사카 신사로 가는 길에 기온 상점가가 있고, 남쪽으로 방향을 바꾸면 하나미코지도리를 중심으로 오래된 상점과 이자카야, 사찰이 나타난다. 거미줄처럼 연결된 니시하나미코지, 아오야기코지, 미야가와초도리까지 걷다 보면 18세기로 돌아간 듯한 기분이 든다. 밤이 되면 더욱 아름다워지는 이곳에서 우연히 게이샤와 마주칠 수도 있다. 게이샤를 촬영할 때는 언제나 매너와 초상권에 유의하자.
기온 상점가의 북쪽은 남쪽과 달리 현대적인 분위기가 묻어난다. 밤이 되면 유흥업소들이 켜지며, 전통 건축물군 보존 지역인 신바시도리 일대까지 올라오면 하나미코지도리 못지않게 옛 모습이 많이 남아 있다. 시라카와 강변의 산책길은 벚꽃철이 되면 북새통을 이룰 정도로 유명하며 긴카쿠지나 쇼렌인, 헤이안진구 등 유명 관광지로 가는 길목이기도 하다.

INFO.
🚍 시영버스 12·46·86·201·202·206·207번 기온(祇園) 정류장 하차 / 케이한 본선 기온시조역(祇園四条駅) 6·7번 출구 방면 / 한큐 교토선 교토가와라마치역(京都河原町駅) 1A·1B 출구에서 다리 건너 동쪽 방면

TIP. 기온 일대는 너무 넓으므로 두 코스로 나누어 둘러보기를 추천한다.
① 기온시조역 출발 - 시라카와 강- 신바시도리 - 하나미코지도리 – 겐닌지 – 미야가와초도리
② 기온시조역 출발 – 하나미코지도리 – 겐닌지 – 야사카노토 – 고다이지 – 야사카 신사

모래 정원과 연못 사이의 은각

긴카쿠지 Ginkaku-ji

2, Ginkakujicho, Sakyo-ku, Kyoto-shi
www.shokoku-ji.jp/ginkakuji

금빛 찬란한 킨카쿠지를 먼저 보았다면, 얼핏 소박해보이는 긴카쿠지(金閣寺)에 실망할지도 모른다. '은각사'라는 이름과 달리 은빛으로 빛나지 않기 때문이다. 긴카쿠(은각)는 그저 단정하게 생긴 목조 건물이고 경내도 생각보다 넓지 않다. 하지만 긴카쿠지의 진짜 매력은 바로 이 소박함과 고요함이다.
난젠지와 에이칸도를 지나, 철학의 길을 따라 올라오면 그 끝자락에 긴카쿠지가 있다. 안으로 들어서면 모래 정원인 긴샤단과 물로만 쌓은 모래더미인 코게츠다이가 방문객을 맞이한다. 근세 이후에 조성된 것으로 추측되며, 독특하면서도 정갈한 모습이 인상적이다.
긴카쿠지는 15세기의 쇼군 아시카가 요시마사가 저택을 목적으로 1482년부터 건설하기 시작했다. 할아버지가 지은 킨카쿠지를 모방한 은각을 세우고 거기다 은을 입힐 예정이었다고 전해지지만, 요시마사는 은각 완공을 3개월 정도 앞두고 사망하고 만다. 그의 명복을 빌기 위해 이곳은 사원으로 바뀌었고 요시마사의 법명을 따 지쇼지로 명명되었다. 에도시대 이후부터는 킨카쿠지에 빗대어 긴카쿠지라는 이름으로 불리게 된다.
우여곡절 끝에 창건되었지만 1550년 인근에서 전투가 벌어져 대부분이 소실되었다. 오다 노부나가는 성을 짓는다는 이유로 이곳의 정원석을 빼가기도 했다. 황폐해지던 이곳이 지금의 모습을 갖추게 된 것은 에도시대에 이르러서다. 1994년에는 고대 교토의 역사 기념물로서 교토의 여러 사적지와 함께 유네스코 세계문화유산에 등재되었다.
긴샤단을 따라 돌면서 본당 앞을 지나면 국보로 지정된 도구도와 선종 양식의 연못과 정원이 등장한다. 계속 관람로를 따라가면 등산을 하게 되는데, 5분 정도만 걸어 올라가면

산 중턱에서 긴카쿠지의 경내가 잘 보인다. 산에서 내려오면 긴카쿠지의 상징이자 일본의 국보인 긴카쿠를 만나게 된다. 1층은 전통 일본 양식으로, 2층은 중국 선종 사찰 양식으로 지어져 모습이 약간 다른 것이 특징이다.

INFO.

🕒 3~11월 8:30~17:00, 12~2월 9:00~16:30(연중무휴)

🎫 고등학생 이상 500엔, 초·중학생 300엔

🚌 시영버스 32번 긴카쿠지마에(銀閣寺前) 정류장 하차 후 동쪽으로 도보 5분 / 5·17·203·204번 긴카쿠지미치(銀閣寺道) 정류장 하차 후 동쪽으로 도보 10분

벚꽃에서 단풍, 설경까지 다채로운 산책길

철학의 길 Tetsugaku No Michi

Tetsugaku No Michi, Sakyo-ku, Kyoto-shi
tetsugakunomichi.jp
@tetsugakunomichi

교토의 대표 산책로인 철학의 길(哲学の道)은 봄이면 벚꽃이 만발하고 여름엔 반딧불로 눈부시다. 가을엔 단풍이 가득하다가도 어느새 하얀 설경이 된다. 조용히 곁을 흘러가는 물길을 따라 걷다보면 한가로이 잠든 고양이와 어디론가 헤엄치는 잉어도 만날 수 있어 우리나라 여행자들도 즐겨 찾는 곳이다.
남쪽의 냐쿠오지 다리에서 북쪽의 조도지 다리까지 약 2km 길이의 철학의 길은 원래 비와 호의 물을 교토로 끌어오는 수로를 관리하는 길이었다. 처음에는 잔디뿐이었지만 1921년 인근에 살던 유명 화가 하시모토 칸세츠(1883~1945)가 300그루의 벚나무를 기부했다. 좋은 산책로가 되자 통행하는 사람이 늘기 시작했다. 교토대학의 철학자 니시다 키타로와 타나베 하지메가 즐겨 산책하며 생각을 나누었기 때문에 '사색의 길', '산책의 길' 등 여러 이름으로 불리다 1972년부터 '철학의 길'로 명명되었다.
계절마다 화려한 풍경을 자랑하는 산책로이지만 난젠지, 에이칸도, 긴카쿠지를 남북으로 연결하는 길로도 유용하다. 1986년에는 '일본의 길 100선'에 선정되었다. 고풍스러운 카페나 전통 식당, 기념품 가게도 곳곳에 자리 잡고 있으니 쇼핑 겸 휴식을 취해보는 것도 좋다. 조용히 산책을 즐기기 위해서는 벚꽃철이나 단풍 시즌을 피해야 한다. 여름의 평일 낮 시간에는 사람들이 많지 않기 때문에 천천히 걸으며 곳곳을 감상할 수 있다.

TIP. 교토시관광협회 유튜브 채널(@DMOKYOTO)에서는 철학의 길을 비롯한 여러 교토 관광지의 라이브 카메라 영상을 제공한다. 혼잡을 피하고 싶다면 참고하자.

INFO.

시영버스 32번 긴카쿠지마에(銀閣寺前) 정류장 하차 후 동쪽으로 도보 7분 / 시영버스 5·17·102·203·204번 긴카쿠지미치(銀閣寺道) 정류장 하차 후 동쪽으로 도보 10분

TIP. 철학의 길을 걷다 잠시 쉬어 가고 싶다면 카페에서 휴식을 취해보자. 그린 테라스에서는 커피와 타르트 등 디저트는 물론 일본 가정식과 같은 브런치도 즐길 수 있다.

그린 테라스 72-72, Shishigatani Honenincho, Sakyo-ku, Kyoto-shi
10:00~18:00(수요일 휴무)
www.g-terrace.jp
@greenterrace_kyoto

焼ポン
小袋
1000円
中袋
2000円
大袋
3000円
ッコリ仕上げ
粒特撰栗
試飲

신선한 제철의 맛을 이어온 400년 전통 시장

니시키시장 Nishiki Market

609, Nishidaimonjicho, Nakagyo-ku, Kyoto-shi
www.kyoto-nishiki.or.jp
@kyoto_nishiki_official

니시키시장(錦市場)은 지난 400여 년간 교토 주민들의 밥상을 책임져온 곳으로 '교토의 부엌'이라 불린다. 야채와 스시, 두부, 생선, 건어물 등 130여 개의 점포가 폭 3m의 골목을 따라 이어진다. 교토의 명물인 갯장어와 고등어초밥을 비롯해 두유 도넛, 비와호의 민물고기, 우지의 녹차도 이곳에서 만나볼 수 있다. 450년이 넘은 주방칼 상점 아리츠구(有次)도 유명하다.

일본은 물론 해외에서도 잘 알려져 있어 장을 보는 현지인과 외국인 관광객이 혼재해 늘 북적인다. 새해가 되면 설음식을 준비하려는 방문객들로 좁은 골목길이 가득 찬다. 전통시장의 이미지와 달리 온라인숍(www.kyotonishiki-ec.com)도 운영하고 있으며, 홈페이지에서는 시장 전체를 3D로 구현한 VR 서비스를 제공한다.

예로부터 이곳 일대에는 1년 내내 15~18도의 수온을 유지하는 지하수가 풍부해 생선을 보관하기 좋았다고 한다. 또한 시 중심부에 위치한 데다가 덴노가 있는 교토고쇼와도 가까워서 8세기 무렵부터 음식을 공납하던 가게들이 모여들기 시작했다. 1054년 덴노로부터 '니시키코지(錦小路)'라는 이름을 받았고, 1615년에는 에도 막부의 허가를 받아 교토의 물고기를 독점으로 판매하면서 어시장으로서 본격적인 걸음을 내디뎠다.

메이지시대에 들어서 독점권이 폐지되고 다른 시장과의 경쟁이 심화된 탓에 점포 수가 급감했다. 태평양 전쟁 후에는 없어질 뻔한 시련도 있었지만 상인들의 단합으로 이겨냈다. 근래에는 대형 마트의 진출로 위기를 맞았으나, 이탈리아 전통 시장과 제휴를 맺는 등 다양한 이벤트를 개최하고, 2005년에는 니시키시장의 브랜드를 보호하기 위해 상표 등록을 취득했을 정도로 꾸준히 변화를 도모하고 있다.

INFO.

평균 9:00~17:00

시영버스 5·11·12·201·203·207번 시조타카쿠라(四条高倉) 정류장 하차 후 다이마루백화점 옆 골목으로 도보 2분(서쪽 입구) / 한큐 교토선 가라스마역(烏丸駅) 21번 출구 도보 1분(서쪽 입구) / 한큐 교토선 교토가와라마치역(京都河原駅) 9번 출구에서 상점가 진입 후 도보 2분(동쪽 입구)

plus spot

니시키시장 추천 먹을거리

‘교토의 부엌’이라는 전통시장에 왔으니 이것저것 군것질을 해보자. 단, 길이 좁고 사람이 많아 실제로 걸으면서 먹기는 위험하니 정해진 자리에서 먹자.

고로케

교토는 일본에서도 고로케를 가장 많이 먹는 지역이다. 하나요리키요에는 최고급 올리브 오일만 사용해 느끼하지 않고 깔끔하며, 겉은 바삭하고 속은 부드러워 밸런스가 뛰어나다. 베스트 메뉴는 유바크림고로케(湯葉クリームコロッケ). 3개 세트로 고르면 1개당 260엔.

하나요리키요에

Hanayori Kiyoe 花よりキヨエ

Hanayori Kiyoe, 399, Funayacho, Nakagyo-ku, Kyoto-shi 10:00~18:00(주말은 19:00까지, 비정기 휴무) 신용카드 불가 hanayori-kiyoe.jp @hanayori_kiyoe_

타코타마고

붉은 빛깔에 동글동글 귀여운 모습이 눈길을 끄는 타코타마고(たこたまご). 조린 주꾸미 머리에다가 메추리알을 넣은 독특한 먹거리다. 짭조름한 주꾸미의 쫄깃한 식감, 그리고 메추리알의 고소함이 잘 어울려 기념품이나 선물로도 인기가 좋다. 가격은 300엔.

카이

KAI 櫂

216, Kajiyacho, Nakagyo-ku, Kyoto-shi 10:00~18:00(비정기 휴무) nisiki-kai.com @nisikikai 신용카드 불가

하모텐푸라

각종 튀김 요리 전문점인 니시키 우오리키에서 하모(갯장어) 텐푸라를 즐겨보자. 가격은 500엔. 소금으로만 살짝 간을 한 음식이라 다소 심심하게 느껴질 수 있지만, 두툼한 갯장어의 담백한 맛이 일품이다. 진한 맛을 원한다면 호타테(가리비)야키를 추천한다.

니시키 우오리키

Nishiki Uoriki 錦 魚力

Uoriki, Higashiuoyacho, Nakagyo-ku, Kyoto-shi 10:00~18:00(비정기 휴무) www.kyoto-nishiki.or.jp/stores/uoriki @nishiki.uoriki 신용카드 불가

두유 도넛

니시키시장에서만 20년 이상, 하루 1만 개 이상 생산할 때가 있을 만큼 인기 있는 두유 도넛. 대두로 만들어 식감이 부드럽고 먹기에도 부담 없는 미니 도넛이다. 눈앞에서 튀겨지는 도넛을 보고 있으면 저절로 침이 고인다. 가격은 8개 300엔. 꿀, 초콜릿, 캐러멜 등 시럽을 뿌리면 6개 350엔이다. 이밖에 두유 소프트크림(300엔)과 두유 고로케(250엔)도 인기다.

콘나몬쟈

Konnamonjya こんなもんじゃ

494, Nakauoyacho, Nakagyo-ku, Kyoto-shi 10:00~18:00 (비정기 휴무) kyotofu.co.jp/shoplist/monjya 신용카드 불가

스누피 야키

전국에 5군데밖에 없는 스누피차야(SNOOPY茶屋)다. 1층은 스누피 관련 굿즈와 디저트 테이크아웃 코너, 2층은 카페로 구성돼 있다. 스누피 라테와 파르페 등 스누피를 테마로 한 다양한 디저트 중에서도 가장 인기 있는 것은 스누피 야키! 맛은 팥, 말차, 커스터드 3가지 중에서 고를 수 있다. 가격은 350엔.

스누피차야 교토·니시키점

Snoopy Chaya Kyoto Nishiki SNOOPY茶屋 京都·錦店

480, Nakauoyacho, Nakagyo-ku, Kyoto-shi 10:00~17:30 (연중무휴) snoopychaya.jp @snoopychaya 신용카드 가능

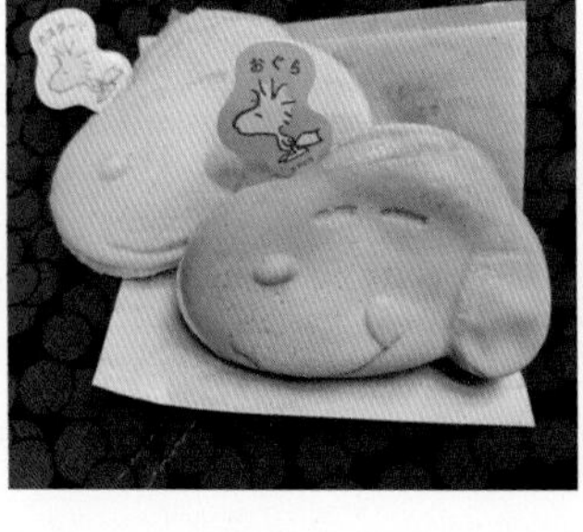

타코야키

니시키시장에서 가장 유명한 타코야키 전문점. 반죽에 간이 돼 있어서 소스가 없어도 맛있게 먹을 수 있지만 뜨거우니 잘 식혀서 먹어야 한다. 토핑으로는 네기(파)와 치즈가 있는데, 둘 다 뿌리는 것도 가능하다. 가격은 점보 기준 6개에 230엔. 판매기로 주문을 하고 메뉴판에는 한글도 있어 편리하다.

카리카리하카세

Karikari Hakase カリカリ博士

185-6, Higashiuoyacho, Nakagyo-ku, Kyoto-shi 10:00~20:00(목요일 휴무) karikari.jp @karikarieatbank 신용카드 불가

어묵꼬치

어육 중에서도 최상급 재료인 보구치와 실꼬리돔을 사용하고, 옛부터 전해지는 방식 그대로 조리한 어묵꼬치를 추천한다. 방부제 및 유화제를 사용하지 않은 것 또한 큰 장점. 오징어, 새우, 문어, 연근 등 다양한 어묵꼬치 중 가장 인기 있는 것은 쟈가바타(감자버터)와 치즈. 가격은 각 450엔.

호큐안
Hokyuan 汸臼庵

188, Higashiuoyacho, Nakagyo-ku, Kyoto-shi 10:00~18:30(단축 영업 있음, 비정기 휴무) houkyuuan.com 신용카드 불가

말차 소프트크림

우지 말차를 고집하는 말차 스위츠 전문점. 와라비모찌, 파르페 등 말차로 만든 각종 디저트를 맛볼 수 있다. 간판 메뉴는 말차로 만든 소프트크림. 순한 맛인 스탠다드부터 진한 맛을 자랑하는 슈퍼 프리미엄까지 농도를 취향대로 고를 수 있다. 가격은 440~660엔.

맛차스이츠칸 사와와
Matcha Sweets Sawawa
抹茶スイーツ館 茶和々

456, Jumonjicho, Nakagyo-ku, Kyoto-shi 10:00~18:00 (연중무휴) kyoto-nishiki.or.jp/stores/sawawa/ 신용카드 가능

새우꼬치

2017년 개업한 새우꼬치·텐푸라·해산물 요리 전문점. 인기 메뉴는 새우꼬치. 눈앞에서 노릇노릇 구워진 두툼한 새우꼬치에다 소금 혹은 레몬을 뿌려 먹을 수 있다. 가격은 700엔. 점내 넓은 공간에서 먹을 수 있지만 전 메뉴 포장도 가능하다.

하모히데
Hamohide 鱧秀

504, Nakauoyacho, Nakagyo-ku, Kyoto-shi 11:00~18:00 (주말은 10:00부터, 월요일 휴무) @hamohide_officialsite 신용카드 가능

사계절 그림 같은 정원

텐류지 Tenryu-ji

68, Sagatenryuji Susukinobabacho, Ukyo-ku, Kyoto-shi
www.tenryuji.com
@heavenly_dragon.temple

아름다운 정원과 수많은 문화재를 품은 텐류지(天龍寺)는 치쿠린과 함께 아라시야마에서 가장 많은 관광객이 찾는 곳이자 단풍 명소다. 한때는 아라시야마 일대 대부분과 가메야마 지구까지 모두 텐류지의 경내였을 정도로 그 위세가 대단했다. 하지만 숱한 화재와 반란, 정부의 토지 몰수 등으로 대부분 소실돼 현재 우리가 보는 모습은 과거의 10분의 1에 불과하다. 그럼에도 불구하고 1994년에 '고대 교토의 역사 기념물'로서 교토의 여러 사적지와 함께 유네스코 세계 문화유산에 등재됐을 정도로 그 역사적 가치를 인정받고 있다. 텐류지에서 꼭 봐야 할 것 네 가지가 있다.
첫 번째는 주차장 옆에 붙은 칙사문이다. 교토부 지정 문화재이며, 텐류지 경내에서 가장 오래된 건축물이다. 이름 그대로 덴노 또는 덴노의 칙사가 방문했을 때에만 사용됐다고 한다. 과거에는 후시미성의 성문이었다는 말도 전해진다.
두 번째는 텐류지의 사무실 역할을 하는 구리의 대형 달마도다. 미묘한 표정을 짓는 달마대사를 그린 이 그림은 텐류지 공식 인스타그램의 프로필 사진으로 쓰일 정도로 텐류지를 상징하는 얼굴이다. 경내에서도 이 달마도 굿즈와 부적을 판매한다.

세 번째는 텐류지의 하이라이트라 할 수 있는 정원 소겐치테이엔이다. 초대 주지였던 무소 소세키가 설계했다고 전해지며, 가메야마와 아라시야마를 배경으로 한 지천회유식 정원이다. 계절마다 다른 색과 표정으로 방문객들의 호평을 받는다. 경내의 다른 건물들과 달리 700여 년 전 모습을 그대로 유지하고 있어 일본 최초 특별 명승지로 지정됐다. 텐류지가 세계문화유산에 등재될 수 있었던 것 역시 이 정원 덕분이라 해도 과언이 아니다. 마지막으로 법당의 천장화 운류즈를 관람하자. 직경 9m의 원 안 가득 용과 구름이 그려져 있는데 '핫포니라미 용'이라 한다. 보는 각도와 위치에 따라 용의 움직임과 표정이 변하는데 그 눈만큼은 계속 노려보는 듯하다. 메이지시대 스즈키 쇼넨에 의해 그려졌지만 원본은 손상이 심해 따로 보관하고, 1997년에 다시 그려졌다. 원칙적으로는 휴일에만 특별 공개하고 봄에서 가을 사이에 상시 공개하는 기간이 있다.

INFO.

8:30~17:30, 제당 관람 8:30~16:45, 법당 천장화 운류즈 9:00~16:30(비정기 휴무)

고등학생 이상 500엔, 초·중학생 300엔, 미취학 아동 무료 *제당 관람할 경우 추가 300엔, 법당 운류즈 관람 시 500엔 추가

시영버스 11·28·93번 아라시야마텐류지마에(嵐山天龍寺前) 정류장 하차 후 도보 5분 / 케이후쿠 아라시야마혼선 아라시야마역(嵐山駅)에서 도보 1분 / JR 사가노선 사가아라시야마역(嵯峨嵐山駅) 남쪽 출구에서 도보 7분 / 한큐 아라시야마선 한큐아라시야마역(阪急嵐山駅)에서 도보 12분

TIP. 텐류지 내 시게츠(天龍寺 篩月) 음식점에서는 동물성 재료를 일절 사용하지 않고 채소, 야생초, 해초류 등으로 만든 사찰 요리를 맛볼 수 있다. 2023년 미쉐린 가이드 교토 빕그루망에 선정되었으며, 250석 규모로 공간이 넓어 여유롭게 식사를 즐길 수 있다.

68, Sagatenryuji Susukinobabacho, Ukyo-ku, Kyoto-shi 11:00~14:00

www.tenryuji.com/shigetsu

보는 이를 압도하는 푸른 대나무 숲

치쿠린 Sagano Bamboo Forest

Sagatenryuji Susukinobabacho, Ukyo-ku, Kyoto-shi

드넓은 아라시야마에서 가장 유명한 곳이 바로 대나무숲 치쿠린(竹林, 죽림)이다. 하늘을 찌를 듯이 높게 솟은 대나무가 끝없이 이어지는 신비한 공간이다. 잎과 잎 사이로 스며드는 햇살은 따뜻하고, 도시의 소음은 차단되어 마음이 차분해진다. 대나무의 향기도 느낄 수 있으니 오감이 정갈해지는 순간이다. 비가 오거나 눈이 내려도 나름의 운치가 있고, 낮과 밤도 각각 매력이 있다. 숲은 넓으니 발길 닿는 대로 걸어도 된다. 철길 건널목에 서서 치쿠린 사이로 지나가는 열차들을 멍하니 바라보는 것도 나쁘지 않다. 지도와 여행책은 잠시 접어두고, 마음이 가는 길로 이리저리 걸어보자.
그렇더라도 유명한 길은 지나칠 수 없을 터. 바로 노노미야 신사와 오코치 산장 사잇길인

치쿠린노코미치다. 대나무의 밀도와 높이가 다른 곳보다 월등해 많은 방문객이 찾는 코스다. 내친김에 오구라 연못까지 발걸음을 옮겨 연꽃 군락을 구경하거나 가메야마 지구 전망대에서 호즈가와 협곡을 감상하자.

아라시야마의 명물인 인력거를 타고 효율적으로 치쿠린 곳곳을 탐방하는 방법도 있다. 인력거꾼의 힘찬 발걸음을 따라가며 명소 설명을 들을 수 있고, 사진을 찍을 수도 있다. 코스와 가격이 다양한데, 치쿠린을 본격적으로 즐기기 위해선 30분에 1만 엔 정도가 필요하다. 상세 사항은 홈페이지(ebisuya.com)를 참고하자.

INFO.

시영버스 11·28·93번 승차 후 노노미야(野々宮) 하차 후 도보 1분 / 케이후쿠 아라시야마혼선 아라시야마역(嵐山駅) 하차 후 도보 5분 / JR 사가노선 사가아라시야마역(嵯峨嵐山駅) 남쪽 출구에서 도보 7분 / 한큐 아라시야마선 한큐아라시야마역(阪急嵐山駅)에서 도보 15분

TIP. 교토시관광협회 유튜브 채널(@DMOKYOTO)에서는 치쿠린을 비롯한 여러 교토 관광지의 라이브 카메라 영상을 제공한다. 혼잡을 피하고 싶다면 참고하자.

Walk and Walk

걸어도 걸어도 교토

산책은 있는 그대로의 교토를 만날 수 있는 가장 좋은 여행 방법이다. 우아한 교토 사람들처럼 도시의 호흡에 몸을 맡기고 걸어보자. 교토의 소박한 산책길은 화려한 시가지보다 훨씬 아름답다.

교토스러운 참배길

산넨자카 Sannenzaka

2-211, Kiyomizu, Higashiyama-ku, Kyoto-shi

기온 구역을 지나 니넨자카-산넨자카-기요미즈자카를 거쳐 기요미즈데라로 가는 길은 교토에서 가장 유명하고 늘 붐비는 곳이다. 이름에 모두 '언덕(자카)'이 붙은 것처럼, 이곳은 기요미즈데라가 위치한 오토와 산으로 가는 비탈길이자 계단길이다.
구역상으로 엄밀히 따지자면 훨씬 넓은 지역을 포함하지만, 일반적으로 산넨자카(三年坂)는 기요미즈자카로 올라가는 좁은 계단과 그 일대의 상점가를 의미한다. 먼 옛날부터 기요미즈데라로 가는 참배객을 대상으로 기념품이나 음식을 팔던 상점들이 오늘날에는 문화재보호법에 따라 중요 전통 건축물군 보존지구로 선정되어 옛 멋을 고스란히 간직하고 있다.
좁은 길과 함께 길게 이어진 일본식 목조 건물에는 기념품 가게와 식당, 찻집, 요정이 있다. 그 풍경이 상당히 '교토스럽다'는 인상을 풍긴다. 기모노를 빌려 입고 걷는 사람들도 많아 시간 여행을 하는 듯한 느낌도 든다. 특히 사진을 좋아하는 사람이라면 이곳을 쉽게 떠나기가 어려울 것이다. 하지만 오가는 사람이 매우 많기 때문에 정신없이 지나가게 되는 점이 아쉬울 따름이다.
산넨자카의 이름에는 여러 유래가 전해진다. 기요미즈데라에 있는 고야스(자안관음)에 순산을 기원하러 가는 길이라는 의미로 낳을 '산(産)'과 편안할 '녕(寧)'을 써서 '산네이자카(産寧坂)'라는 설도 있다. 기요미즈데라에서 빌었던 소원이 이루어져서 다시(再) 소원을 빌러(念)간다는 의미의 '사이넨자카(再念坂)'라는 설도 있다. 가장 널리 사용되는 이름은 창건 당시의 연호가 다이도 3년이었기 때문에 '3년 언덕'이란 뜻의 '산넨자카(三年坂)'다.

INFO.

시영버스 202·206·207번 기요미즈미치(清水道) 정류장 하차 후 도보 7분 / 케이한 본선 기요미즈고조역(清水五条駅) 4번 출구에서 도보 25분

plus spot

산넨자카 커피 & 디저트

산넨자카 근처에서 잠시 커피와 함께 잠시 쉬고 싶다면 히어(here) 카페에 들러 오리지널 라떼를 맛보자. 까눌레, 글루텐 프리 오믈렛 등도 판매한다. 쿠모노차 시미즈 산넨자카점(雲ノ茶 KUMONOCHA 清水三年坂店)은 나무 바구니에 제공되는 구름 모양의 디저트로 유명한 카페로 기요미즈데라에서 산넨자카로 내려가는 계단 위에 있다. 매장 1층 안쪽에 작은 정원이 있는데 이를 배경으로 찍는 인증 사진이 인기다.

히어 교토 기요미즈점 2 -226 Kiyomizu, Higashiyama-ku, Kyoto-shi 9:00~18:00 coffeehere.world @here.kyoto

쿠모노차 시미즈 산넨자카점 3-317 Higashiyama-ku, Kyoto-shi 10:00~18:00, 일요일 10:00~18:30 www.kumonocha.com

참배의 시작은 천 년 넘은 비탈길에서부터

니넨자카 Ninenzaka

2, Kiyomizu Masuyacho, Higashiyama-ku, Kyoto-shi
www.2nenzaka.ne.jp

기요미즈데라로 가는 길의 본격 시작점인 니넨자카(二年坂)를 걸어보자. 네네노미치를 따라 남쪽으로 내려오면 도로가 나타나고, 건너편의 골목길이 바로 이치넨자카다. 짧은 이치넨자카가 끝나면 오른쪽으로 길게 상점가가 이어지고 상점가가 끝나는 부분의 계단길이 바로 니넨자카다. 일반적으로 니넨자카는 계단과 함께 그 일대의 상점가까지 포함한다. 기요미즈데라로 가는 완만한 비탈길인 니넨자카-산넨자카-기요미즈자카 구간은 전통 일본식 목조 건물로 된 상가가 길게 이어져 교토에서 가장

예스러운 곳이다. 중요 전통 건축물군 보존지구로 선정되어 그 가치를 인정받고 있으며 식당, 카페, 숙소, 기념품 숍, 전통 공예품점 등 다양한 가게가 있어 구경하는 재미도 있다. 사진 촬영을 금지하는 곳도 많으니 유의하자.
산넨자카와 마찬가지로, 니넨자카도 이름의 유래가 정확하지 않다. 산네이자카(産寧坂)의 아래에 있기 때문에 발음상 '니네이자카(二寧坂)'라는 설이 있고, 비탈길을 정비한 시기가 다이도 2년이었기 때문에 '2년 언덕'이란 뜻의 '니넨자카(二年坂)'가 되었다고 주로 알려졌다. '여기서 넘어지면 2년 이내에 죽는다'라든가, '수명이 2년 줄어든다'라는 이야기가 전해지기도 한다.

INFO.
시영버스 202·206·207번 기요미즈미치(清水道) 정류장 하차 후 도보 5분

TIP. 니넨자카와 산넨자카에는 유카타와 기모노를 대여해주는 의상 렌탈숍이 많다. 액세서리까지 포함되어 특별한 여행 사진을 남기고 싶다면 추천한다.

기모노 대여 교토유무
京都着物レンタル 京之夢 清水店
5-126-2, Kiyomizu, Higashiyama-ku, Kyoto-shi
9:00~18:00 kyonoyume.jp
@kyonoyume_kiyomizu

마이코 체험 스튜디오 사계
舞妓変身 四季
2 Chome-208-7 Kiyomizu, Higashiyama-ku, Kyoto-shi
9:00~17:00
www.maiko-henshin.com/en
@maiko_transformation_shiki

아라시야마 산책이 시작되는 곳

토게츠 다리 Togetsukyo

Saganakanoshimacho, Ukyo-ku, Kyoto-shi

'달이 건너는 다리'라는 뜻의 토게츠 다리(渡月橋). 가마쿠라시대의 가메야마 덴노가 이 다리와 그 위를 지나는 달을 보고 '그늘진 곳 없는 달이 건너는 모습과 닮았다'는 평을 했다 하여 붙은 이름이다. 치쿠린과 함께 아라시야마를 상징하는 곳이며 많은 일본 영화와 드라마, 애니메이션의 배경으로 등장했다. 토게츠 다리가 처음 만들어진 해는 836년이다. 당시 다리는 지금 위치보다 200m 이상 상류에 있었고, 인근의 호린지에서 이름을 따 '호린지쿄'라 불렸다. 이후 홍수와 전란으로 소실과 복구를 거듭하다가 1606년 지금의 위치에 자리 잡았다. 현재 우리가 보는 다리는 1934년에 완성된 것으로, 길이 155m의 철근 콘트리트로 지어졌으나 아라시야마의 풍경을 해치지 않도록 다리 상부는 목조로 설치되었다. 다리 자체로도 유명하지만, 텐류지, 노노미야 신사 등 아라시야마의 명승지로 가는 길목이기도 하다. 여행을 시작하기에 앞서 잠시 다리 위에 서서 아라시야마 일대의 벚꽃 풍경과 단풍, 설경을 감상하자. 강바람을 맞으며 호즈가와강을 유람하는 야카타부네의 모습을 보노라면 여행의 피곤이 잊히는 듯하다.
이 다리에는 재미있는 이야기가 전해진다. 호린지의 유명한 참배 행사인 주산마이리를 한 후 다리를 건너기 전에 뒤를 돌아보면, 모처럼

받은 지혜가 다시 호린지의 본당으로 돌아가버린다고 한다. 또한 연인끼리 함께 건너다가 뒤를 돌아보면 헤어진다는 말도 있지만 정확한 유래는 알 수 없다.

INFO.

🚇 시영버스 11·28·93번 아라시야마(嵐山) 정류장 하차 / 교토버스 83번 아라시야마코엔(嵐山公園) 정류장 하차 / 케이후쿠 아라시야마혼선 아라시야마역(嵐山駅)에서 도보 4분 / 한큐 아라시야마선 한큐아라시야마역(阪急嵐山駅)에서 도보 5분 / JR 사가노선 사가아라시야마역(嵯峨嵐山駅) 남쪽 출구에서 도보 12분

책과 커피 한 잔,
그리고 라멘이 있는 거리

이치조지 Ichijoji

가모가와를 따라 교토 북쪽으로 올라가면 조용한 강가의 마을 이치조지(一乗寺)가 나온다. 에이잔 전철의 이치조지역을 중심으로 개성 있는 카페나 가게들이 자리 잡고 있고, 서쪽의 히가시오지도리에는 유명 라멘 전문점들이 곳곳에 들어서 '라멘 격전지', '서쪽의 라멘 왕국', '교토 라멘의 성지'라고 불린다. 동쪽으로는 시센도우 같은, 단풍으로 유명하고 조용한 사찰이 있어 유유자적 산책을 즐기기에 좋다. 이치조지는 교토조형예술대학교의 통학로이기도 하여 대학생을 상대로 하는 젊은 감각의 가게들이 많다. 역 근방의 골목만 산책해도 조용하고 한산한 이치조지의 분위기를 느낄 수 있으며 해 질 녘이 특히 아름답다. 서점 겸 카페인 '케이분샤(恵文社)'는 이치조지를 대표하는 가게로서 우리나라 여행자들에게도 유명하다. 여유가 있다면 하루 종일 이 일대를 걸어보는 것도 좋지만 아니라면 라멘을 먹을지, 단풍을 볼지, 골목을 산책할지 취향에 맞는 목적을 정해보자.

INFO.

시영버스 31·65·204·206번 다카노(高野) 정류장 하차 / 에이잔 혼선 이치조지역(一乗寺駅) 하차

TIP. 이치조지에서 라멘을 먹고 싶다면 타카야스(中華そば 髙安)와 멘야곳케이(麺屋 極鶏)에 가보자.

타카야스 10 Ichijoji Takatsukicho, Sakyo-ku, Kyoto-shi 11:30~2:00 takayasuramen.com
멘야곳케이 29-7 Ichijoji Nishitojikawaracho, Sakyo-ku, Kyoto-shi 11:30~22:00(월요일 휴무) gokkei.amebaownd.com

이국적인 매력이 가득한 전통 유흥가

폰토초 Pontocho

145, Ponto-cho, Nakagyo-ku,
Kyoto-shi
www.ponto-chou.com

TIP. 노료유카를 경험해보고 싶지만 폰토초 에어리어가 너무 비싸거나 메뉴가 부담된다면, 북쪽의 가미키야마치나 남쪽의 시모키야마치 에어리어로 가보자. 초콜릿 전문점, 아이스크림 가게, 칵테일 바 등 비교적 가볍고 저렴한 곳이 있다. 특히, 스타벅스 교토산조오하시점은 노료유카 이용료 없이 커피를 즐길 수 있는 곳이라 인기가 많다.

INFO.

시영버스 5·17·205번 승차 가와라마치산조(河原町三条) 정류장 하차 후 도보 2분 / 한큐 교토선 교토가와라마치역(京都河原町駅) 1A 출구에서 도보 1분 / 케이한 본선 기온시조역(祇園四条駅) 4번 출구에서 도보 2분

폰토초(先斗町)는 기온, 가미시치켄 등과 더불어 교토에 몇 군데 남지 않은 전통적인 유흥가다. 시조도리와 산조도리 사이, 가모가와강을 따라 남북으로 약 500m 길이의 골목이다. 1670년 가모가와강둑을 보강하는 공사를 할 때 생긴 매립지에 찻집이나 여관이 들어선 것이 그 시작이다. 오늘날에는 전통 요리집이나 레스토랑이 가득하다. 좁은 골목길 양쪽에 이어지는 일본식 목조 건물과 여러 조명, 소품들이 이국적인 느낌을 풍긴다. 건물은 일본 전통식이라도 그 안에는 양식, 중식, 이탈리안 요리 등 다채로운 음식점이 있어 취향에 따라 식사를 즐길 수 있다.

매년 5월에는 폰토초 북쪽에 있는 공연장인 폰토초카부렌조에서 가모가와오도리가 개최된다. 입장료는 4,000~6,000엔으로 비싸지만, 게이코와 마이코의 화려한 춤사위를 눈앞에서 볼 수 있다. 장 콕토, 찰리 채플린도 관람한 적이 있을 정도로 유서 깊은 공연이다.

여름이 되면 가모가와강변의 음식점들은 손님들이 강을 바라보며 야외에서 식사할 수 있도록 대형 평상인 노료유카를 설치한다. 17세기 에도시대부터 등장했으며, 폰토초를 중심으로 강을 따라 약 2km나 이어지는 노료유카의 모습은 교토의 여름을 상징하는 풍경이다. 한국어 웹사이트(yuka-kyoto.com/ko)에 식당 메뉴 안내와 가격까지 잘 정리돼 있으므로 방문해보자.

폰토초의 어원에 관해서는 여러 이야기가 전해지지만 어느 것 하나 분명한 것은 없다. 포르투갈어로 '끝이 뾰족하다'는 의미의 'PONTA'에서 왔다는 설이 유력하다. 폰토초 양쪽에 흐르는 두 개의 강인 가모가와, 다카세가와를 가죽으로 보고 그 사이에 끼인 폰토초를 북에 비유해 '퐁퐁' 하는 북소리를 표현했다는 설도 있다.

아름다운 벚꽃길과 유흥가

카야마치도리

Kiyamachi Street

교토의 최대 번화가인 가와라마치 교차로와 시조오하시 다리 사이로 작은 강이 흐른다. 자칫 보지 못하고 지나칠 수도 있는 작은 강을 따라서 남북으로 길게 이어진 거리가 바로 키야마치도리(木屋町通)다. 행정 구역상으로는 훨씬 더 길지만, 산조도리~고조도리 사이가 가장 번화하다.
낮에는 강변의 벚나무 사이로 햇살이 스며들고, 나무 그늘 아래 땀을 식히는 아이들과 자전거를 타고 나들이 나온 연인이 풍경을 완성한다. 벚꽃철이 되면 강 전체가 벚꽃으로 덮인다. 강을 따라서 카페와 레스토랑이 들어서 있다. 하지만 밤에는 전혀 다른, 유흥가의 모습으로 변한다. 울긋불긋한 조명 사이로 밤을 즐기는 청춘남녀들이 활보한다. 주말이 되면 밤 늦게까지 활기가

넘친다.
키야마치도리 곁에서 흐르는 강의 이름은 다카세가와로, 교토의 중심부와 남부인 후시미 지역 사이의 물자를 수송하기 위해 1611년 만들어진 운하다. 과거에는 이곳에 수송된 목재의 창고가 많았기 때문에 '키야마치(나무집 마을)'로 불리게 되었다. 이곳 일대에는 '가미야초(종이집 마을)', '고메야초(쌀집 마을)' 등 재미 있는 지명이 많다.

19세기에는 사카모토 료마를 비롯한 역사적 인물들이 이곳에서 비밀 회동을 하거나 은거했고, 막부 말 여러 지사들이 암살을 당하기도 했다고. 이를 알리는 비석이 거리 곳곳에 세워져 있다. 역사에 관심 많은 사람이라면 흥미로운 산책길이 될 것이다.

INFO.
시영버스 5·17·205번 가와라마치산조(河原町三条) 정류장 하차 후 도보 2분 / 한큐 교토선 교토가와라마치역(京都河原町駅) 1A 출구에서 도보 1분 / 케이한 본선 기온시조역(祇園四条駅) 4번 출구에서 도보 2분

명실상부 교토의 메인 스트리트

시조도리 Shijo Street

시조도리(四条通)는 8세기 말 헤이안쿄가 교토로 천도해왔을 때부터 현재까지 교토의 동서를 연결하는 교토의 메인 거리다. 일본의 천년 수도로서 수많은 사원과 유적이 자리한 교토이기에 그 모습은 우리가 생각하는 교토의 이미지와는 조금 다르다. 고층빌딩이 밀집한 현대적인 쇼핑 거리를 따라 늘어선 백화점과 쇼핑몰, 명품 숍, 화려한 쇼윈도 앞을 걷다 보면 마치 강남대로를 걷는 듯한 느낌이 든다.
행정 구역으로 따지면 동쪽 야사카 신사와 서쪽 마츠오타이샤 사이 약 8.5km 구간이지만 일반적으로 야사카 신사부터 시조가라스마 구간만을 이를 때가 많다. 그 중심에 있는 가와라마치 교차로 일대는 교토 내에서도 유동 인구가 가장

많은 곳이다. 시조도리를 축으로 하나미코지, 폰토초, 키야마치도리가 뻗어나가고 니시키시장을 비롯한 대형 상점가도 연결돼 있다. 타카시마야 백화점, 다이마루 백화점도 시조도리에 자리해 있을 정도로 그야말로 교토의 척추라 해도 과언이 아니다. 이곳을 지나거나 거점으로 하는 열차와 버스도 많기 때문에 교통이 편리하지만, 그만큼 교통 정체가 심하다. 일본의 3대 축제 중 하나인 기온마츠리가 열리는 곳이기도 하다. 축제의 클라이맥스인 야마보코의 퍼레이드가 이곳에서 출발하며, 축제 기간에는 보행자의 천국이 된다.

INFO.

시영버스 46·201·203·207번 시조가와라마치(四条河原町) 정류장 / 교토버스 21·41·62· 63번 시조가와라마치(四条河原町) 정류장 / 한큐 교토선 교토가와라마치역(京都河原町駅) 직결 / 케이한 본선 기온시조역(祇園四条駅) 3~7번 출구

TIP. 가와마치도리와 교차하는 시조도리에는 노포, 상점, 대형 쇼핑몰이 늘어서 있다. 교토 가와라마치역 근처 다이마루 백화점 교토점은 선물용 인기 아이템인 손수건은 물론 유명 브랜드의 팝업 스토어가 입점해 있고, 지하에는 다양한 식당이 있어 여행 중에 쇼핑과 식사를 즐기기 제격이다. 백화점 1층 안내데스크에서 안내 리플릿과 할인 쿠폰을 받을 수 있다.

79, Tachiuri Nishimachi, Shimogyo-ku, Kyoto-shi
10:00~20:00
www.daimaru.co.jp/kyoto/

In the Garden

화려한 듯 소박한 교토의 정원

교토는 세계적으로 유명한 정원의 도시다. 수양버들이 움트고 벚꽃이 피어나는 봄은 활기차고 매혹적이다. 연둣빛으로 싱그러운 여름과 단풍으로 물드는 가을까지. 화려한 듯하면서도 소박한 교토 정원의 매력에 빠져보자.

엘리자베스 여왕을 사로잡은 매력

료안지 Ryoan-ji

13, Ryoanji Goryonoshitacho, Ukyo-ku, Kyoto-shi
www.ryoanji.jp

료안지(龍安寺) 일대는 984년 엔유 천황의 발원에 의해 건립된 엔유지의 경내 구역이었다. 엔유지가 점차 쇠퇴하자 헤이안시대 말기에는 별장이 지어졌고, 1450년 호소카와 카츠모토가 토지를 양도받아 초대 주지로서 사원을 창건한다. 당시에는 현재보다 훨씬 큰 규모였고 현재 케이후쿠 전철이 지나는 지역까지 이르렀다고 한다. 하지만 교토를 폐허로 만들었던 오닌의 난으로 소실되었다가 1499년 재건되었다. 료안지는 가레산스이 양식*의 모래정원(세키테이)으로 유명하다. 동서로 25m, 남북으로 10m 넓이의 모래정원에는 동쪽에서부터 5, 2, 3, 2, 3개로 총 15개의 돌이 놓여져 있는데, 어느 방향에서 봐도 최대 14개만 보이도록 배치되어 있다. 예로부터 15는 만월, 즉 '완성'을 의미했고 '완성된 지점부터 붕괴가 시작된다'고 믿었기에, 일부러 미완성의 모습만 보이도록 의도했다고 전해진다. 마루나 복도가 아니라 방에서 보면 15개 모두 보이는 지점이 있다고도 하지만 15개를 보기 위해 노력할 필요는 없다. 그저 마루에 걸터앉아 정원을 찬찬히 감상해보자. 돌의 수와 상관없이 모래정원은 조용하면서도 강한 힘이 느껴지는 곳이다.
방장 뒤 정원에는 엽전 모양으로 생긴 츠쿠바이(손 씻는 물그릇)가 있다. 입 '구(口)' 자 모양으로 된 구멍을 중심으로 네 글자(五, 隹, 矢, 疋)가 새겨져 있다. 이는 중심에 '구' 자와 합쳐져 '오유지족', 곧 '스스로 족함을 안다'는 선종의 가르침을 뜻한다.
이곳이 세계적으로 유명하게 된 것은 최근의 일이다. 1975년 일본을 공식 방문한 엘리자베스 여왕이 료안지의 모래정원을 보고 극찬을 아끼지 않았고, 이를 BBC가 대대적으로 다룬 덕분이다. 이후 1994년에는

고대 교토의 역사 기념물로서
유네스코 세계문화유산에 등재되어
그 명성을 증명했다.

***가레산스이**

가레산스이란 선종(禅, 젠) 사상에 바탕을 두고 있는 일본 정원 양식의 하나다. 가산스이, 후루산스이, 아라센스이라고도 하며 물을 사용하지 않고 돌과 모래, 풀과 나무 등으로 산과 강, 바다 등을 표현하는 것이 특징이다. 가레산스이 정원에서는 모래의 무늬를 통해 수면의 물결과 너울거리는 정도 등을 섬세하게 표현한다. 모래 알갱이의 크기에 따라서도 보여주고자 하는 자연의 모습이 달라지며 모래 위에 다리를 놓아 강의 흐름을 나타내기도 한다. 눈·비가 내리거나 새 등이 내려앉으면 모양이 망가지므로 갈퀴 모양의 도구를 이용해 주기적으로 무늬를 수정한다. 돌아다니면서 구경하는 회유식(回遊式) 정원과 달리 정원을 바라보며 그 의미를 자문자답하기 위한 공간이기 때문에 조용히 바라보는 게 가장 좋은 감상 방법이다.

INFO.

3~11월 8:00~17:00, 12~2월 8:30~16:30(연중무휴)

성인 600엔, 고등학생 500엔, 초·중학생 300엔

시영버스 59번 료안지마에(龍安寺前) 정류장 하차 후 도보 1분 / 시영버스 50·55번 리츠메이칸다이카쿠마에(立命館大学前) 정류장 하차 도보 10분 / 케이후쿠 기타노선 료안지역(龍安寺駅) 하차 후 북쪽으로 도보 10분

아름다운 정원과 역동적인 천장화

겐닌지 Kennin-ji

584, Komatsucho, Higashiyama-ku, Kyoto-shi
www.kenninji.jp
@spirit_of_kenninji

겐닌지는 교토 중심부에 있어 찾아가기 매우 쉽다. 하나미코지도리 구경을 마쳤다면 그대로 길을 따라 겐닌지 북쪽 입구로 들어가보자. 1202년 에이사이 선사가 건립한 겐닌지는 당시 연호였던 '겐닌 2년'에서 이름을 따왔다. 한때는 막부의 지원을 받으며 지금의 두 배 가까운 면적을 자랑했지만, 19세기에는 정부의 불교 탄압으로 경내의 많은 토지를 국가에 바쳐야 했다. 게다가 오랜 역사 동안 수차례 화재가 일어났기 때문에 지금은 창건 당시의 건물이 남아 있지 않다.
유·무료 구역이 나뉘어져 있는데, 경내 대부분을 차지하는 무료 구역보다 500엔(성인)을 내고 들어가야 하는 유료 구역에 많은 볼거리가 있다. 다른 사찰과 달리 실내 사진 촬영이 가능하다(일반 여행객 한정). 놓치면 아까운 겐닌지의 볼거리 여섯 가지를 소개한다.
첫 번째는 풍신뇌신도로, 17세기 활동했던 화가 다와라야 소타츠의 작품이다. 금빛 바탕에 역동적인 자세의 풍신(우측)과 뇌신(좌측)이 그려져 있다. 일본의 국보로 지정되어 있으며 원본은 교토국립박물관에 소장되어 있다. 다음은 동그라미·세모·네모 정원(마루산카쿠시카쿠노니와)이다. 우주의 근원적인 형태인 동그라미,

네모, 세모를 형상화한 정원으로 가운데 나무가 동그라미와 '물', 우물이 네모와 '땅', 마루의 모서리가 세모와 '불'을 의미한다고 한다. 교토의 여러 정원 중에서도 겐닌지의 정원은 아름답기로 유명하다. 초온테이 정원은 회랑 가운데에 조성되어 모든 방향에서 감상할 수 있다. 정원 가운데에는 3부처를 나타내는 삼존석이 배치되어 있다. 다이오엔 정원은 절의 주지가 참선하는 호조의 정원으로, 소나무와 이끼, 거석과 모래의 조화로 불교의 가르침을 표현했다. 유명한 료안지의 모래정원보다 큰 규모를 자랑한다. 정원을 둘러봤다면 호조의 벽화 차례다. 호조 안에는 운룡도, 죽림칠현도, 산수도 등의 다채로운 벽화가 각 방향으로 그려져 있다. 복제품이긴 하지만 수묵화의 아름다움을 느끼기엔 충분하다.

마지막은 법당 천장에 그려진 쌍룡도다. 다른 유료 구역과 떨어져 있어 번거롭지만, 법당의 높은 천장에 가득히 그려진 쌍룡의 위용을 보면 수고가 아깝지 않다. 겐닌지 창건 800주년을 맞은 2002년, 일본의 화가인 고이즈미 준사쿠가 2년에 걸쳐 완성한 대작이다.

INFO.

10:00~17:00(비정기 휴무)

성인 600엔, 중·고등학생 300엔, 초등학생 200엔, 미취학 아동 무료

시영버스 100·206번 히가시야마야스이(東山安井) 정류장 하차 후 서쪽으로 도보 7분 / 케이한 본선 기온시조역(祇園四条駅) 1번 출구에서 도보 3분 / 한큐 교토선 교토가와라마치역(京都河原町駅) 1B 출구에서 동쪽으로 도보 7분

섬세하고 부드러운 사원, 그 안의 금빛 예술

고다이지 Kodai-ji

526, Kodaiji Shimogawaracho, Higashiyama-ku, Kyoto-shi
www.kodaiji.com
@kodaiji_zen_temple

일본 전국시대의 권력자이자 임진왜란의 주동자인 도요토미 히데요시. 그는 우리에게 악랄한 침략자이지만, 일본에서는 평민에서부터 최고의 자리까지 오른 '출세의 아이콘'으로 꼽힌다. 그의 아내인 네네는 '못생기고 신분도 낮은 히데요시를 내조한 여자', '천하를 가진 남자가 사랑한 여자' 등 로맨틱한 이미지로 일본인들에게 알려져 있다.

고다이지(高台寺)는 히데요시가 사망한 뒤 그의 명복을 빌기 위해 네네가 1606년에 건립한 사원이다. 히데요시 이후 권력을 잡은 도쿠가와 이에야스의 정치적 배려로, 당시 고다이지는 규모와 화려함 면에서 명성을 떨쳤다. 오늘날에는 그 규모가 많이 줄었지만 건물의 디자인과 정원의 배치, 색채에서 섬세함과 부드러움이 묻어난다는 평을 받아 경내 여러 건물이 중요 문화재로 보존되고 있다.

특히 네네가 죽은 히데요시를 그리며 달을 바라보았다는 간게츠다이와 주변 정원, 네네와 히데요시의 목상을 안치한 오타마야, 경내 동쪽 언덕의 가사테이와 시구레테이가 유명하다. 언덕 정상에서는 교토 시내가 잘 내려다보이며, 등산로에는 대나무 숲까지 있어 다채로운 매력이 있다. 오타마야의 불단에는 화려한 마키에 장식이 입혀져 있다.

'마키에'란 옻으로 그림이나 문양을 그리고 마르기 전에 금가루 등을 뿌려 정착시키는 기법인데, 특히 고다이지의 마키에는 당대를 대표할 정도의 높은 수준으로 널리 알려져 있다. 인간의 생명은 흐르는 물과 같다는 불교의 가르침을 꽃을 단 뗏목으로 표현한 '하나이카다'는 중요 문화재로 지정될 정도다.
고다이지에서 입장료를 지불했다면 고다이지쇼 미술관에 무료로 입장할 수 있다. 이곳에서는 도요토미 히데요시와 네네 관련 그림 및 자료, 마키에 공예품 등을 관람할 수 있다. 미술관 옆에 자리한 엔토쿠인은 네네가 여생을 보낸 곳이며, 중요 문화재급 벽화와 400년 된 정원이 유명하다. 엔토쿠인의 입장료는 성인 기준 500엔이지만 고다이지와 미술관까지 포함된 공통 할인권이 900엔이다. 세 군데 모두를 둘러보길 원한다면 공통 할인권을 추천한다.

INFO.

9:00~17:30, 야간 특별 개장 기간 17:00~22:00, 엔토쿠인 10:00~17:30

성인 600엔, 중·고등학생 250엔, 초등학생 이하 무료(고다이지쇼 미술관 포함, 엔토쿠인까지 포함된 공통 할인권은 900엔) / 엔토쿠인 성인 500엔, 중·고등학생 200엔, 초등학생 이하 무료

시영버스 202·206·207번 히가시야마야스이(東山安井) 정류장 하차 동쪽으로 도보 7분 / 케이한 본선 기온시조역(祇園四条駅) 6·7번 출구에서 도보 10분 / 한큐 교토선 교토가와라마치역(京都河原町駅) 1A·1B 출구에서 동쪽으로 도보 15분

TIP. 고다이지는 낮에 방문하는 것도 좋지만 라이트업이 열리는 봄, 여름, 가을은 야간도 매력적이다. 본당 마당을 이용한 맵핑 라이트업, 반딧불이 날아다니는 듯한 죽림의 라이트업이 특히 아름답다.

plus spot

네네노미치 & 이시베코지

고다이지 주변에는 유명한 거리가 두 곳 있다. 그중 하나는 '네네노미치'. 이름 그대로 '네네가 걷던 길'로 도요토미 히데요시의 정실부인의 이름을 딴 곳이다. 담벼락과 돌바닥이 잘 정비되어 있고 인근의 니넨자카보다 상점이나 여행객이 많지 않아 비교적 조용하다. 네네노미치의 서쪽에는 '이시베코지'라는 작은 골목이 있다. 촘촘히 배치된 돌바닥과 돌담을 따라 전통 가옥이 이어져 있어 영화 세트장 같은 느낌마저 든다.

네네노미치 532 Shimokawaramachi Kodaiji Higashiyama-ku, Kyoto-shi
이시베코지 S 463-34 Shimokawaracho, Higashiyama-ku, Kyoto-shi

에도시대의 역사를 품은 고요한 정원의 성

니조성 Nijo Castle

541, Nijojocho, Nakagyo-ku, Kyoto-shi
nijo-jocastle.city.kyoto.lg.jp
@nijojocastle

니조성(二条城)은 천수각도 없고 오사카성보다 규모도 훨씬 작다. 하지만 화려한 디자인의 어전을 단아한 정원이 감싸고 있어 나름의 멋을 지닌 곳이다. 에도 막부의 첫 쇼군인 도쿠가와 이에야스가 정이대장군에 오르는 의식인 '쇼균센게(장군선하)'를 치른 곳이며, 마지막 쇼군인 도쿠가와 요시노부가 메이지 덴노에게 국가 통치권을 돌려준 '타이세호칸(대정봉환)'을 치른 곳이니 에도 막부의 시작과 끝을 장식한 장소라 할 수 있다. 그 가치를 인정받아 고대 교토의 역사 기념물로서 유네스코 세계 문화유산에 등재되었다. 니조성의 건물은 크게 니노마루고텐과 혼마루고텐으로 나뉜다. 니조성의 입구인 히가시오테몬으로 들어가면 니노마루고텐으로 연결된다. 이곳의 거실은 외부 침입을 막기 위해 바닥에서 소리가 나도록 설계되어 있으며, 벽과 천장은 갤러리를 연상케 할 정도로 화려하다. 어전을 관람하고 나면 정원으로 이어진다. 니노마루의 정원은 지천회유식(연못을 중심으로 주위를 걸으며 감상하는 방식)으로 조성한 일본 전통 정원이다. 정원에서 나오면 해자가 감싸고 있는 혼마루고텐으로 이어진다. 사실 도쿠가와의 니조성과는 무관한 곳으로, 황궁의 저택을 옮겨온 것이라고 한다. 혼마루의 정원은 어전을 옮겨온 후에 지어졌으며, 잔디와 나무가 중심이 된 서양식 정원이다. 하나의 성 안에 동서양의 정원이 함께 있는 셈이다. 과거 천수각이 있었던 터에서 내려다보는 혼마루의 경관도 놓치기 아깝다.

INFO.

8:45~17:00(12월 29~31일 휴무), 니노마루고텐 8:45~16:10(12월 26~28일, 1월 1~3일, 1·7·8·12월 화요일 휴무)

800엔(니노마루고텐 관람 포함 1,300엔), 중·고등학생 400엔, 초등학생 300엔, 미취학 아동 무료

시영버스 9·12·50·67번 니조조마에(二条城前) 정류장 하차 후 도보 1분 / 지하철 도자이선 니조조마에역(二条城前駅) 1번 출구에서 도보 2분 / JR 사가노선 니조역(二条駅) 1번 출구에서 도보 17분

TIP. 매년 3~4월에는 벚꽃축제가 열려 야간 라이트업(18:00~21:00)도 진행된다. 라이트업 입장료는 평일 기준 중학생 이상 1,600엔, 초등생 1,000엔. 요일과 기간에 따라 요금이 다르므로 홈페이지 참조.

Old and New

오래되었거나 또는 새롭거나

천년 고도 교토. 교토역에 도착하면 가장 먼저 현대적 분위기의 교토타워가 여행자를 맞이하지만 조금만 걷다 보면 고즈넉한 교토의 매력을 느낄 수 있다. 과거와 현재, 옛것과 새것이 조화를 이룬 교토를 만나보자.

지상 100미터 위에서 보는
교토의 파노라마

교토타워 Kyoto Tower

721-1, Higashishiokojicho,
Shimogyo-ku, Kyoto-shi
www.kyoto-tower.jp
@kyototowerhotel_official

교토에 도착한 당신을 가장 먼저 맞이하는 교토타워(京都タワー)는 최고 높이가 131m로 교토에서 가장 높은 건물이다. 전망대의 높이는 지상 100m에 지나지 않아 오사카의 유명 전망대에 비해서는 낮다. 하지만 고도 제한 때문에 주위에 높은 건물이 없어 쾌적한 시야로 교토의 경관을 즐길 수 있다. 도후쿠지와 기요미즈데라, 니시혼간지를 비롯해 교토의 수많은 관광지를 이곳에서 볼 수 있다.
교토타워는 비행접시처럼 묘하게 생긴 외관으로 건립 당시 논쟁이 끊이지 않았다. 기존 교토 최고 높이의 건물이었던 도지의 5층탑보다 높은 건물이 들어선다는 것에 대한 거부감과 전통의 도시 교토와 맞지 않는 듯한 디자인 때문이었다. 우려 끝에 1964년 완공된 후 55주년을 맞이한 2019년에는 누적 방문자 수 3,200만 명을 돌파하는 등 교토의 랜드마크로 자리 잡았다.
에펠탑이나 도쿄타워와 달리 철골을 쓰지 않고 원통형의 탑 자체를 12~22mm의 특수 강판으로 만든 독특한 구조로 한신 대지진을

TIP. 전망대 5층에 있는 망원경은 무료로 사용할 수 있다. 전망실 내부에 설치된 8대의 관광 안내 터치 모니터로 창밖에 보이는 명소의 정보를 바로 검색할 수 있다. 검색된 정보는 QR 코드를 통해 스마트폰에 다운로드 받을 수도 있다(다국어 지원).

굳건히 버텨냈을 정도로 안정성을 인정받았다. 대부분의 방문객이 찾는 전망대 외에도 교토타워 빌딩에는 스카이라운지 KUU, 호텔, 레스토랑 등 다양한 시설이 있다. 특히 지하 1층~2층에는 식당가 및 면세점, 기념품 숍이 가득하고 교토 전통 문화 체험까지 즐길 수 있는 '교토타워 산도'가 있다.

INFO.

🕒 10:30~21:00(연중무휴)

🎫 800엔, 고등학생 650엔, 초·중학생 550엔, 3세 이상 유아 150엔, 3세 미만 무료

🚌 시영버스 5·17·50·86·205번 등 교토에키마에(京都駅前) 정류장 하차 후 도보 1분 / 교토버스 75번 등 교토에키마에(京都駅前) 정류장 하차 후 도보 1분 / JR 교토선, 킨테츠 교토선, 지하철 가라스마선 교토역(京都駅) 중앙 출구에서 도보 1분

5층탑이 있는 천년 사찰

도지 Toji

1, Kujo-cho, Minami-ku, Kyoto-shi
toji.or.jp
@toji_official

도지(東寺)는 1,200여 년의 유구한 역사를 자랑한다. 1994년에는 고대 교토의 역사 기념물로서 교토의 여러 사적지와 함께 유네스코 세계 문화유산에 등재되었다.
일본의 옛 수도 헤이안쿄의 정문이었던 라조몬을 사이에 두고 동쪽에는 도지, 서쪽에는 사이지가 있었다. 지금은 사이지와 라조몬 모두 터만 남아 있다. 823년 덴노가 고보 대사에게 도지를 내려준 이후 진언종의 총본산으로 번성했고, 고보 대사에 대한 신앙이 높아져 '대사님의 절'로 불리기도 했다. 오늘날까지도 많은 현지인들이 이곳을 참배하고 있고, JR 교토역에서 가깝기 때문에 관광객들도 많다.
유명한 볼거리로는 5층탑, 금당, 강당이 있다. 5층탑은 명실상부한 교토의 상징으로서, 54.8m의 높이로 일본에서 가장 높은 목조 건축물이다. 교토타워가 세워지기 전까지는 교토에서 가장 높은 건물이기도 했다. 해마다 벚꽃철이 되면 5층탑과 어우러지는 교토의 벚꽃을 즐기려는 사람들로 북새통을 이룬다. 탑의 내부는 특별 공개 기간에만 볼 수 있다.

국보인 금당은 도지에서 가장 큰 건물이며 약사여래의 목불상을 모시고 있다. 중국과 일본의 양식이 혼재된 독특한 모습으로 유명하다. 835년 건립된 강당의 내부에는 만다라를 실제 불상으로 형상화한 대일여래를 비롯한 총 21개의 국보 및 중요 문화재급 불상이 있다. 금당과 강당 모두 내부 촬영이 불가능하니 기억해두자.

TIP. 고보 대사의 기일인 3월 21일을 기념해 매월 21일 경내에서 벼룩시장이 열린다. 이때는 다양한 골동품과 예술품을 구경하거나 살 수 있다.

INFO.

5:00~17:00, 금당·강당 8:00~17:00, 호모츠칸·칸치인 9:00~17:00

경내 무료 *금당, 강당, 5층탑 공개 기간과 요금은 홈페이지 참조

시영버스 42·78·202·208번 도지미나미몬마에(東寺南門前) 정류장 / 시영버스 18·207번 도지히가시몬마에(東寺東門前) 정류장 / JR 교토선 교토역(京都駅) 하치조 출구(八条口)에서 서쪽으로 도보 15분 / 킨테츠 교토선 도지역(東寺駅) 출구에서 오른쪽으로 도보 6분 / 지하철 가라스마선 쿠조역(九条駅) 2번 출구에서 서쪽으로 도보 16분

반가사유상의 미소를 만날 수 있는 곳

고류지 Koryu-ji

32, Uzumasa, Hachiokacho, Ukyo-ku, Kyoto-shi

고류지(広隆寺)는 7세기 초반 신라계 귀화인인 하타노 가와카쓰가 세웠다고 알려진, 교토에서 가장 오래된 사원이다. 쇼토쿠태자를 본존으로 모시고 있다. 쇼토쿠 태자는 중국과 한반도의 선진 문물과 불교를 도입하고 정치 체제를 정립해 일본에서는 모르는 사람이 없고, '태자신앙'으로 오늘날에도 추앙받는 인물이다.
교류지 경내의 '신레이호덴'에는 일본의 국보 조각 제1호인 미륵보살반가상이 있다. 1960년에는 교토의 한 대학생이 자기도 모르게 반가상을 만져버리는 바람에 반가상의 약지가 부러지는 소동이 있었을 정도로, 반가상이 내뿜는 분위기가 압도적이다. 천수관음상, 아미타여래좌상 등도 대부분 국보이며, 중요 문화재도 수없이 많다.

INFO.

3~11월 9:00~17:00, 12월~2월 9:00~16:30
경내 무료 / 신레이호덴 800엔, 고등학생 500엔, 초·중학생 400엔
시영버스 11번 우즈마사코류지마에(太秦広隆寺前) 정류장 하차 후 도보 1분 / 교토버스 65·66·72·76번 승차 후 우즈마사코류지마에 정류장 하차 후 도보 1분 / 케이후쿠 아라시야마혼선 우즈마사코류지역(太秦広隆寺駅)에서 도보 1분 / JR 사가노선 우즈마사역(太秦駅)에서 동쪽으로 도보 10분

plus spot

도에이우즈마사에이가무라

고류지에서 멀지 않은 곳에 일본 유일의 시대극 테마파크 도에이우즈마사에이가무라가 있다. 1975년에 공개된, 영화사 토에이(東映)의 교토 촬영장 오픈세트다. 에도시대의 분위기가 가득한 이곳에서는 현재도 수많은 작품들이 촬영되고 있다. 우리네 민속촌이나 오사카 주택박물관의 확장판이라고도 할 수 있는 곳이다. 아이를 동반한 가족 여행자들이 찾기 좋다.

10 Uzumasa Higashihachiokacho, Ukyo-ku, Kyoto-shi
9:00~17:00
18세 이상 2,400엔, 12~17세 1,400엔, 3~11세 1,200엔
global.toei-eigamura.com

과거와 현재,
동양과 서양이 만나는 곳

신푸칸 Shinpukan

586-2, Bano-cho, Nakagyo-ku, Kyoto-shi
shinpuhkan.jp
@shinpuhkan_official

교토시 지하철의 두 노선이 만나는 가라스마오이케역 옆에는 낡은 듯하면서도 세련된 디자인의 건물이 있다. 바로 1926년 준공된 구 교토중앙전화국 건물을 2020년에 리모델링한 복합 상업 시설 신푸칸(新風館)이다. 이미 1983년에 교토시 등록유형문화재 1호로 등록됐을 정도로 역사와 가치를 품은 구축관에, 세계적인 건축가 구마 겐고가 디자인한 신축관이 어우러져 독특한 설치 예술품 같은 공간이 탄생했다.
미국 유명 호텔 체인인 에이스 호텔의 첫 아시아 진출점 '에이스 호텔 교토'는 신푸칸을 대표하는 시설이다.

동판으로 된 차양과 각도가 변하는 루버, 철망 스크린 등 파격적인 외관에 정갈하면서도 레트로한 디자인의 객실로 이용객들의 호평을 받고 있다. 다다미나 좌식 의자 등 교토스러운 디테일도 눈길을 끈다. 호텔 로비는 누구에게나 개방돼 카페처럼 이용할 수 있으므로 숙박하지 않더라도 잠시 쉬어갈 수 있다. 부지 내 여러 일본식 정원들은 마치 오래된 사원에 온 듯한 분위기를 풍긴다.

신푸칸에는 에이스 호텔 교토 외에도 아시아 최초, 일본 최초, 간사이 최초, 교토 최초 등 다른 곳에선 만나볼 수 없는 브랜드도 다수 입점해 있다. 천년 고도 교토의 중심가에서 카페 키츠네, 빔스 재팬, 1LDK, 필그림 서프 서플라이 등 최신 트렌드 쇼핑을 즐겨보자. 안뜰에는 1,500명 규모의 오픈 스페이스가 있어 라이브 콘서트나 패션쇼, 결혼식 등이 열린다. 지하에는 미니 시어터 '업링크 교토'가 자리하고 있다.

INFO.

🕒 상점가 11:00~20:00, 식당가 8:00~24:00

🚌 시영버스 65번 가라스마오이케(烏丸御池) 정류장 하차 후 도보 1분 / 지하철 가라스마선· 도자이선 가라스마오이케역(烏丸御池駅) 남쪽 개찰구 연결

신비스러운 옛 밤거리를 걸어보자

하나미코지도리
Hanamikoji-dori

Gionmachi Minamigawa,
Higashiyama-ku, Kyoto-shi
www.kyoto-gioncorner.com

일본에서는 꽃놀이를 꽃 '화(花)' 자에 볼 '견(見)' 자를 써서 '하나미'라고 한다. 기온 지역에 있는 하나미코지도리(花見小路通)의 이름을 풀이해 보면 '꽃놀이하는 작은 길'이라는 뜻이다. 교토의 대표적 유흥가인 기온에서도 가장 유명하고 가장 아름다운 이곳과 잘 어울리는 이름이다.
시조도리에서 겐닌지 사이로 길게 이어진 구간이며, 2001년 전봇대를 모두 지하화하고 돌바닥을 정비한 덕분에 옛 교토의 분위기가 오롯이 느껴진다. 과거에는 1,000명이 넘는 게이샤와 마이코가 활동했다. 게이샤가 공연을 하는 고급 요정인 오차야 역시 한때는 수백 개에 달했지만 이제는 그 수가 크게 줄었다. 하지만 기온의 메인 스트리트라 할 수 있는 하나미코지도리 만큼은 아직까지도 해가 지면 오차야나 찻집, 전통 음식점이 있는 목조 건물 사이로 게이샤나 마이코가 오간다.
게이샤나 마이코의 춤과 노래를 가까이서 보려면, 하나미코지도리 남쪽 끝에 있는 기온코부카부렌조로 가자. 매년 4월 개최되는 미야코오도리는 폰토초의 가모가와오도리, 기온히가시의 기온오도리 등 교토의 다섯 오도리 중에서도 가장 규모가 크고 화려하다.

단, 입장료가 4,000~7,000엔으로 비싼 편이다. 그 옆의 기온 코너에서는 무용, 꽃꽂이, 다도, 인형극 등 마이코가 선보이는 일곱 가지 일본 전통 문화 입문 공연을 한 무대에서 감상할 수 있다.
게이샤를 보려는 외국인 관광객이 많아지면서 게이샤나 마이코가 나타나면 연예인처럼 그 주위를 둘러싸고 마구잡이로 사진을 찍는 부작용도 생기고 있다. 심한 경우에는 길을 막고 신체 접촉까지 일어난다고 한다. 현지에서도 이를 주의해달라는 안내판을 설치하고 홍보하고 있다. 게이샤를 촬영할 때는 언제나 매너를 지키고, 초상권도 염두에 두자.

INFO.
시영버스
12·46·86·201·202·206·207번
승차 후 기온(祇園) 하차 / 케이한 본선 기온시조역(祇園四条駅) 6번 출구에서 동쪽으로 도보 3분 / 한큐 교토선 교토가와라마치역(京都河原町駅) 1B 출구에서 동쪽으로 도보 7분

TIP. 밤 9시가 지나면 많은 가게가 문을 닫고 거리에 조명도 적기 때문에 구경하기 힘들다. 시조도리의 북쪽에도 하나미코지도리가 이어지지만, 옛 느낌이 남아 있지 않으므로 남쪽만 둘러보는 것을 추천한다.

Architecture

건축으로 만나는 교토

교토에는 유네스코 세계문화유산으로 지정된 오래된 사찰 외에도 건축적으로 의미 있는 곳들이 많다. 금빛으로 빛나는 킨카쿠지부터 르네상스 양식을 느낄 수 있는 교토국립박물관, 근세 궁실의 양식을 간직한 난젠지까지. 건축으로 눈을 돌리면 새로운 교토를 만날 수 있다.

금빛으로 반짝이는 유네스코 세계문화유산

킨카쿠지 Kinkaku-ji

1, Kinkakuji-cho, Kita-ku, Kyoto-shi
www.shokoku-ji.jp/kinkaku
@rokuonji_kinkakuji.official

킨카쿠지(金閣寺)는 인근의 료안지, 기타노텐만구, 고류지 등과 함께 교토 북서부 관광의 중심으로 언제나 여행객으로 붐빈다. 교토를 찾은 외국인 여행자나 수학여행을 온 일본 학생들 모두 다른 곳은 몰라도 킨카쿠지는 빠트리지 않고 방문할 정도다. 1994년 '고대 교토의 역사 기념물'로서 유네스코 세계문화유산에 등재되었다.
인파를 따라 들어가면 얼마 지나지 않아 금빛으로 반짝이는 금각이 등장한다. 정식 명칭은 '로쿠온지'이지만, 부처의 사리를 보관하는 금각이 유명해 '금각사'라고 불린다. 1층은 문신 귀족의 양식, 2층은 무가의 양식, 3층은 중국 선종 사찰의 양식으로 지어졌는데 1층과 달리 2, 3층은 옻칠 위에 금박을 입혔다.
교코지에 떠 있는 것처럼 보이는 킨카쿠지는 바위와 함께 극락정토를 표현하고 있으며 물에 비치는 화려한 금빛이 이곳의 풍경을 완성한다. 시각적 강렬함은 교토의 여러 명소 중에서도 최고라 부를 만하다. 자연스레 그 앞은 기념촬영을 하려는 사람들로 북새통을 이룬다.
화려한 외관과 달리 금각사는 창건부터 오늘날까지 수많은 고난을 겪어왔다. 금각사의 전신인 사이온지가 쇠퇴해 방치됐다가, 1397년 무로마치 막부의 3대 쇼군 아시카가 요시미츠가 화려하기로 이름났던 '키타야마테이'로 개축했다. 그의 아들이 이를 물려받아 지금의 로쿠온지로 바꾸었으나 오닌의 난이 일어나 소실됐다.
메이지 유신 이후에는 '폐불훼석'이라는 불교 탄압 운동으로 재정이 어려워졌는데 1894년부터 입장료를 받고 정원과 금각을 공개해 사원의 수익을 확보했다. 1950년에는 정신질환을 가진

수도승의 방화로 다시 소실되었으나 정부의 보조금과 전국의 기부금으로 복원되었다. 우리가 보는 현재의 금각은 1955년에 복원된 모습이다. 이때 너무나 새것처럼 반짝거리게 복원하는 바람에 비판의 목소리도 있었다고 한다.

INFO.

9:00~17:00

고등학생 이상 500엔, 초·중학생 300엔, 미취학 아동 무료

시영버스 12·59·204·205번 킨카쿠지미치(金閣寺道) 정류장 하차 후 도보 4분 / 케이후쿠 기타노선 기타노하쿠바이초역(北野白梅町駅)에서 북쪽으로 도보 20분

plus spot

닌나지

닌나지(仁和寺)는 교토에서 벚꽃이 가장 늦게 피는 곳으로 제 59대 우다 덴노 때인 888년에 지어졌다. 1868년까지 황족과 귀족이 주지를 맡았던 대표적인 몬제키 사원으로 고대 교토의 역사 기념물이자 유네스코 세계문화유산으로 등재되었다. 1644년에 세운 높이 36m의 목조 건축물 오중탑, 국보 아미타삼존상과 사천왕상이 있는 금당이 유명하다. 킨카쿠지에서 버스로 15분, 료안지에서 도보로 15분 거리에 위치한다.

33 Omuroouchi, Ukyo-ku, Kyoto-shi 9:00~17:00, 12-2월 9:00~16:30
성인 800엔, 레이호칸 성인 500엔 www.ninnaji.jp
@ninnajitemple

교토의 역사를 보존하는
일본 3대 박물관

교토국립박물관
Kyoto National Museum

527, Chayacho, Higashiyama-ku, Kyoto-shi
www.kyohaku.go.jp

교토국립박물관(京都国立博物館)은 1897년 제국교토박물관이라는 이름으로 개관해 120년이 넘는 역사를 자랑한다. 15,000점에 육박하는 수많은 국보와 중요 문화재를 소장하고 있고, 프랑스 르네상스 양식으로 디자인된 메이지고도관(구 본관)과 서문(구 정문)이 유명하다. 교토와 어울리지 않는 외관이라 생각할 수 있지만, 긴 세월이 지난 오늘날에는 박물관 건물 자체로 존재감을 자랑하는 볼거리가 됐다. 실제로 메이지고도관과 서문, 그리고 매표소 및 낮은 돌담은 중요 문화재로 지정됐다.
메이지고도관은 개보수 계획이 진행 중이라 전시를 개최하지 않고, 평상 전시(명품갤러리)와 특별전 모두 헤이세이지신관에서 개최된다. 지하 1층부터 3층까지 조각, 금속공예, 회화, 도자기 등 다양한 분야의 유물이 끝없이 이어진다. 개중에는 한반도와 관련된 문화재도 많아 눈길을 끈다. 전시품 보호를 위해 수시로 교체되므로 방문할 때마다 새로운 보물을 만날 수 있다는 점도 큰 매력이다. 특별전은 연 2회 개최되고, 특별전 기간에는 평상 전시를 휴관하므로 유의할 것.
건물 바깥 정원에도 볼거리는 많다.

원형 분수대로 가면 오귀스트 로댕의 '생각하는 사람' 원본을 가까이서 볼 수 있다. 1950년 개인으로부터 기증받아 1956년 국유화되었다고 한다. 이밖에 동쪽과 서쪽에 있는 정원에는 13세기 석등, 보살 좌상, 6세기의 석관, 헤이안쿄의 석재, 한반도에서 온 분묘 석조물 등 이곳저곳에 유물들이 전시돼 있으니 찬찬히 둘러보자.

INFO.

정원 9:30~17:00 / 평상 전시 9:00~17:00 / 특별전 9:00~17:30(월요일 및 비정기 휴무)

정원 300엔, 대학생 150엔, 고등학생 이하 및 70세 이상 무료 / 평상 전시 700엔, 대학생 350엔, 고등학생 이하 및 70세 이상 무료 / 특별전은 전시마다 다름

시영버스 100·206·208번 하쿠부츠칸산주산겐도마에(博物館三十三間堂前) 정류장 하차 후 도보 1분 / 케이한 본선 시치조역(七条駅) 4번 출구에서 도보 5분

TIP. 1. 기본적인 전시 안내 외에도 교토국립박물관의 시작과 성장 과정, 건물 소개 등 읽을거리가 많으니 홈페이지부터 방문해볼 것을 추천한다. 전시 분야별로 한국어 가이드 PDF를 다운로드 받을 수도 있다.
2. 평상 전시를 관람할 때 한국어 오디오가이드를 이용하면 훨씬 깊게 이해할 수 있다. 신청 시간은 9:30~16:30(마지막 접수 16:00)이고, 요금은 1인당 550엔이다.

교토의 오랜 번영을 기념하며

헤이안진구 Heian Shrine

Okazaki Nishitennocho, Sakyo-ku, Kyoto-shi
www.heianjingu.or.jp
@heianjingu_official

시라카와 강변을 걷는 산책길은 벚꽃이 아름답기로 유명하다. 이 길을 따라 강을 거슬러 올라가면 붉은 도리이와 신사가 불쑥 나타난다. 도리이를 지나서도 한참을 걸어가야 정문이 나올 정도로 거대한 이 신사가 바로 헤이안진구(平安神宮)다. 에도시대 말, 전란으로 시가지가 폐허로 변하고 덴노까지 도쿄로 가버렸다. 교토의 시민들은 교토를 부흥시키겠다는 일념으로 교토의 첫 수도였던 헤이안쿄 천도 1,100주년을 기념해 1895년 헤이안진구를 창건했다. 교토로 처음 천도한 덴노인 50대 간무 덴노와 교토에서의 마지막 덴노인 고메이 덴노를 모시는 것도 그런 이유에서다. 오테몬을 통과하면 정면에 다이코쿠텐이 있고, 그 앞을 벚나무와 귤나무가 수호하듯 서 있다. 이를 비롯한 헤이안진구의 건축물은 이름 그대로 헤이안시대의 양식이며,

헤이안쿄 당시 덴노의 궁성을 8분의 5 크기로 축소한 것이다. 비록 역사는 오래되지 않았지만 2010년에 6채의 건물이 중요 문화재로 지정되었고, 입구의 24.4m 높이의 거대한 도리이도 유형 문화재로 등록되었다. 다이코쿠덴 왼쪽에는 헤이안진구의 정원인 신엔으로 가는 입구가 있다. 이 신엔은 넓이가 무려 33,000㎡나 된다. 벚꽃과 창포, 단풍, 설경 등 사계절 중 언제 찾아가도 운치 있는 곳이다. 특히 산책로 마지막에 등장하는 다이헤이카쿠의 풍경이 일품이다. 헤이안진구는 결혼식 장소로도 유명해서 주말에 방문했다면 일본의 전통 결혼식을 구경하게 될지도 모른다.

INFO.

🕐 11월 1일~2월 14일 6:00~17:00(신엔 8:30~마지막 입장 16:30), 2월 15일~2월 28일 6:00~17:30(신엔 8:30~마지막 입장 16:30), 3월 1일~3월 14일 6:00~17:30(신엔 8:30~마지막 입장 17:00), 3월 15일~9월 30일 6:00~18:00(신엔 8:30~마지막 입장 17:30), 10월 1일~10월 31일 6:00~17:30(신엔 8:30~마지막 입장 17:00) *연말연시 운영 시간은 홈페이지 참조

🎫 무료 / 성인 600엔, 어린이 300엔(연 2회 무료 개방)

🚆 시영버스 32·65·201·202·203번 히가시야마니조(東山二条) 정류장 하차 후 도보 7분 / 지하철 도자이선 히가시야마역(東山駅) 1번 출구에서 도보 12분 / 케이한 본선 진구마루타마치역(神宮丸太町駅) 4번 출구에서 도보 16분

TIP. 헤이안진구에서는 교토 3대 마츠리 중 하나인 지다이마츠리(時代祭)가 열린다. 10월 22일에는 일본의 여러 시대 의복을 갖춘 사람들이 교토고쇼를 출발해 헤이안진구에 도착하는 퍼레이드가 열리니 놓치지 말자.

붉은 벽돌의 수로가 경내를 휘감는 선사

난젠지 Nanzen-ji

Nanzenji Fukuchicho, Sakyo-ku, Kyoto-shi
nanzenji.or.jp
@daihonzan_nanzenji

난젠지(南禅寺)의 역사는 13세기 말, 가메야마 덴노가 자리를 물려주고 출가해 승려가 된 뒤 이궁이었던 젠린지도노를 절로 고치면서 시작된다. 왕실이 발원한 최초의 선사이자 임제종난젠지파의 대본산인 만큼 격이 매우 높은 사찰이다. 철학의 길을 타고 내려오지 않았다면 대부분의 방문객들은 난젠지의 산몬을 가장 먼저 만나게 된다. 중요 법회가 열리는 법당과 호조가 산몬 뒤에 직선으로 배치되어 있다. 주변에 12개의 탑두가 늘어서 있고 경내를 휘감는 수로가 돋보이는 구조다.
난젠지의 정문이자 상징인 산몬은 높이 22m의 거대한 규모로 보는 이를 압도한다.
'덴카류몬(천하용문)'이라는 별칭이 잘 어울리는 외관이다. 창건 당시의 모습은 소실되었고 현재 남은 것은 1628년 복원된 것이다. 많은 관광객들이 산몬 아래에 걸터앉아 경내를 감상하거나 휴식을 취한다. 입장료 500엔을 내면 2층으로 올라가 교토와 난젠지를 내려다볼 수 있다.
주지가 지내는 전각인 호조는 1611년 고쇼의 건물을 하사받은 것으로, 근세 궁실의 양식을 잘 보여주는 일본의 국보다. 내부에 가득한 후스마에(내부 칸막이나 병풍에 그린 그림)가 방문객들의 눈길을 끈다. 오랜 세월로 색이 바래 최근에는 디지털 복제품을 전시하고 있다고 한다. 국가 지정 명승지로 지정된 호조의 정원도 놓치면 아까운 감상 포인트다.

난젠지의 명물인 수로는 비와코의 물을 교토로 끌어오는 역할을 한다. 1890년 건설 당시에는 난젠지의 경관을 해친다며 비판받았지만, 지금은 난젠지 경내와 잘 어우러져 많은 이들의 사랑을 받고 있다. 붉은 벽돌에 아치형 구조로 마치 유럽의 거리를 연상시켜 여러 드라마나 화보 촬영의 배경으로 사용된다.
수로 아래를 지나 언덕에 올라가면 교토의 3대 명승 정원으로 꼽히는 난젠인이 자리하고 있다. 이곳은 난젠지가 창건되기 전에 있던 이궁의 유적이다. 당시 양식이 남은 지천회유식이며, 주위를 깊은 수림으로 둘러싸 고요한 멋이 느껴진다. 11월 중순 이후에 이곳을 찾으면 불타는 듯한 단풍을 볼 수 있다.

INFO.

🕒 12월~2월 8:40~16:30(마지막 접수 16:10)
3월~11월 8:40~17:00(마지막 접수 16:40)

🎫 무료 / 호조테이엔 600엔, 고등학생 500엔, 초·중학생 400엔 / 산몬 600엔, 고등학생 500엔, 초·중학생 400엔 / 난젠인 400엔, 고등학생 350엔, 초·중학생 250엔

🚌 시영버스 5번 승차 후 난젠지·에이칸도미치(南禅寺·永観堂道) 정류장 하차 후 도보 6분 / 시영버스 32·93·203·204번 히가시텐노초(東天王町) 하차 후 도보 10분 / 지하철 도자이선 게아게역(蹴上駅) 1번 출구에서 네지리만포(ねじりまんぽ) 터널 통과 후 도보 10분

Beautiful Season

어느 계절이든지 좋아

교토는 계절마다 나름의 매력을 가졌는데 특히, 봄 벚꽃과 가을 단풍 시즌의 아름다움은 극에 달한다. 이 시기에는 해외는 물론 국내 여행자들도 몰리기 때문에 인파가 적은 아침 시간을 이용해서 교토의 풍경을 느껴보자.

빨강 노랑 단풍 융단을
본 적 있나요?

에이칸도 Eikan-do

48, Eikandocho, Sakyo-ku,
Kyoto-shi
www.eikando.or.jp

긴카쿠지에서 철학의 길을 따라 내려가다 보면 교토의 단풍 명소인 에이칸도(永観堂)가 나온다. 정토종 젠린지파의 총본산으로, 정식 명칭은 젠린지다. 제 7대 법주인 요칸릿시가 병자 구제 등 자선활동을 활발히 했는데, 그가 살던 곳이라 하여 에이칸도라는 이름이 널리 퍼지게 되었다. 이곳은 독특하게도 산의 높고 낮음을 따라 건물 회랑이 모두 연결되어 마치 등산을 하는 듯한 기분이 드는 곳이다.
에이칸도의 하이라이트는 바로 단풍이 카펫처럼 깔린 정원이다. 예로부터 교토의 단풍 명소로 알려져 '가을은 단풍의 에이칸도'라는 말이 있었을 정도. 11~12월에는 야간 라이트업을 하는 특별 관람 기간이 있으니 가을밤의 풍경을 좋아한다면 절대 놓치지 말자. 연못에 비치는 단풍과 다보탑의 조화는 그야말로 환상적이다. 경내에 있는 나무

智恵
慈悲

3,000그루는 조경 전문가에 의해 철저히 관리되어 계절마다 최고의 풍경을 만들어낸다. 단풍이 없는 여름이면 푸른 신록의 잎사귀들이 시야에 가득 담기니 이 또한 기분 좋은 경험이다.
본존으로 모셔진 아미타여래의 입상은 특이하게도 고개를 돌려 옆을 보는 모습인데, 여기에는 유명한 전설이 전해진다. 앞서 언급한 요칸릿시가 염불을 읊으며 본당을 걷는 수행을 하던 중 아미타여래가 단상에서 내려와 함께 걸었다고 한다. 이에 놀란 요칸릿시가 걸음을 멈추자 아미타여래는 고개를 돌리며 '요칸, 늦구나'라 했고, 고개를 돌린 모습 그대로가 안치되었다고 한다.

INFO.

9:00~17:00

600엔, 초등학생~고등학생 400엔

시영버스 5번 난젠지·에이칸도미치(南禅寺·永観堂道) 정류장 하차 후 도보 5분 / 시영버스 32·93·203·204번 히가시텐노초(東天王町) 정류장 하차 후 도보 10분 / 지하철 도자이선 게아게역(蹴上駅) 1번 출구에서 네지리만포(ねじりまんぽ) 터널 통과 후 도보 12분

수령 200년이 넘는 벚나무 아래에 앉아

마루야마 공원 Maruyama Park

Maruyama-cho, Higashiyama-ku, Kyoto-shi
kyoto-maruyama-park.jp

마루야마 공원(円山公園)은 1887년에 개장한, 교토시에서 가장 오래된 도시공원이다. 교토의 벚나무 중에서 가장 유명한 '기온시다레자쿠라'가 있는 곳으로 유명하다. 기온마츠리가 열리는 야사카 신사과 붙어 있기 때문에 찾아가기 쉽고 공원의 북쪽은 지온인, 남쪽은 네네노미치, 고다이지 등과 연결되는 교통의 요지이기도 하다. 원래는 야사카 신사와 인근 사찰의 부지였지만, 메이지 정부가 불교 탄압의 일환으로 토지를 몰수해 1912년 구릉지를 이용한 연못을 만들고 지천회유식 정원을 조성했다. 1927년에는 연못 주위로 3천 명을 수용할 수 있는 야외음악당, 1934년에는 사카모토 료마와 나카오카 신타로의 동상이 세워졌다. 200년이 넘는 수령으로 천연기념물이기도 한 벚나무 기온시다레자쿠라는 교토 시민의 사랑을 받는 마루야마 공원의 상징이다. 높이 12m, 둘레가 3m나 되어 주위의 벚나무를 압도하는 위용을 뽐낸다. 벚꽃철이 되면 이 나무를 보기 위해 많은 방문객들이 마루야마 공원을 찾는다. 현재의 나무는 1947년 고사한 1대 나무에서 미리 종자를 채취한 묘목을 다시 심은 2대 나무다.

INFO.

시영버스
12·46·86·201·202·206·207번 승차 후 기온(祇園) 정류장 하차 후 도보 1분 / 케이한 본선 기온시조역(祇園四条駅) 6·7번 출구에서 도보 10분 / 한큐 교토선 교토가와라마치역(京都河原町駅) 1A·1B 출구에서 동쪽으로 도보 15분

TIP. 3월 말~4월 초는 기온시다레자쿠라의 라이트업 기간(18:00~22:00)이다.

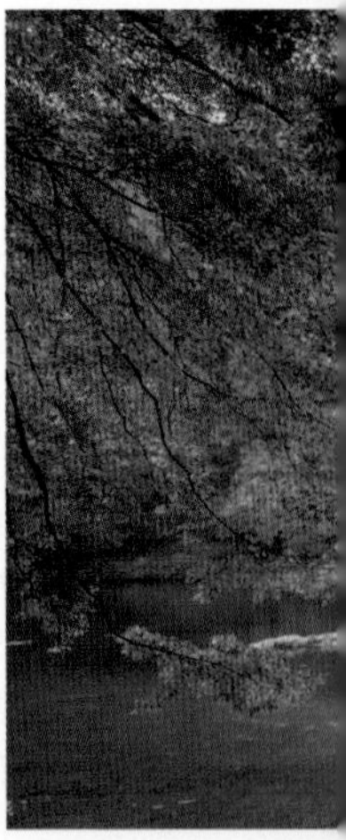

명승지 사이 쉬어가는 자연 속 강변 공원

아라시야마 공원 Arashiyama park

Saganakanoshimacho, Ukyo-ku, Kyoto-shi

아라시야마 공원(嵐山公園)은 토게츠 다리 주변 강변을 정비한 공원이다. 여러 지구로 나뉘어져 있지만 많은 사람들이 찾는 곳은 토게츠 다리 남단에 있는 나카노시마(中之島) 지구와 다리 북서쪽에 있는 가메야마 지구다. 토게츠 다리를 기준으로 상류는 호즈가와강, 하류는 가쓰라가와강으로 부르는데 나카노시마 지구는 가쓰라가와강 가운데의 작은 섬이다. 토게츠 다리가 잘 보이고 벚꽃 풍경이 아름다워 꽃놀이 시즌에 특히 사람이 많다. 이곳의 벚나무들은 고사가 덴노가 현재의 텐류지 지역에 별궁 가메야마덴을 지을 때 나라의 요시노 산에서 옮겨 심었다고 전해진다. 현재 토게츠 다리 주변의 벚나무만 무려 1,500그루나 된다. 아라시야마의 여러 명승지로 가는 길목에 있어 가장 많은 사람이 찾는 지구이기도 하다.
가메야마 지구는 오구라 산의 남동부의 구릉지로, 벚나무와 단풍나무, 철쭉의 조화 속에 광장, 휴게소, 전망대가 자리해 있다. 전망대에 서면 호즈가와강과 그 위를 한가로이 떠다니는 놀잇배, 주변의 산까지 한눈에 들어온다.
텐류지와 치쿠린 등 주변에 다른 볼거리가 많다 보니 그냥 지나치기 쉽지만, 교토 관광지의 인파에 지쳤다면 공원에 앉아 산과 강을 감상하며 휴식을 취해보자. 봄에는

벚꽃, 가을에는 단풍이 공원을 아름답게 수놓는다. 또한 오사카와 달리 교토는 눈이 자주 내리기 때문에 눈부신 설경도 감상할 수 있다.
토게츠 다리의 서쪽, 호즈가와 강에서 지붕이 있는 놀잇배인 야카타부네를 타고 풍경을 만끽하는 것도 아라시야마를 즐기는 좋은 방법이다. 홈페이지에서 예약을 하고(당일 접수도 가능) 호즈가와 강변의 승선장에 가면 식사가 포함된 유람선이나 전세선 등 다양한 야카타부네를 탈 수 있다. 7~9월에는 1,000년이 넘는 역사를 가진 가마우지 낚싯배, 우카이 낚싯배도 타 볼 수 있다.
나카노시마 지구의 남서쪽, 산 위에는 몽키파크 이와타야마가 있다. 산을 조금만 오르면 아이같이 장난치며 뛰어노는 원숭이들을 눈앞에서 볼 수 있다. 날씨가 좋은 날엔 교토 타워까지 보인다.

INFO.
시영버스 28번 아라시야마코엔(嵐山公園) 정류장 하차 / 교토버스 83번 아라시야마코엔(嵐山公園) 정류장 하차 / 케이후쿠 아라시야마혼선 아라시야마역(嵐山駅)에서 도보 5분 / 한큐 아라시야마선 한큐아라시야마역(阪急嵐山駅)에서 도보 5분 / JR 사가노선 사가아라시야마역(嵯峨嵐山駅) 남쪽 출구에서 도보 12분

INFO. 몽키파크 이와타야마
61, Arashiyama Nakaoshitacho, Nishikyo-ku, Kyoto-shi
monkeypark.jp
@arashiyama_monkeypark
9:00~16:30(비정기 휴무)
*원숭이 상황에 따라 조기 폐원
고등학생 이상 600엔, 중학생 이하 300엔, 3세 이하 무료
신용카드 불가
아라시야마 공원 나카노시마 지구 남서쪽 이치타니무나카타 신사(櫟谷宗像神社) 경내 입구에서 도보 20분

TIP. 아라시야마는 옛날 귀족들의 별장이 많던 곳으로 귀족들이 풍류를 즐기던 뱃놀이 야카타부네가 있다. 귀족들은 노를 젓지 않았기 때문에 사공이 긴 대나무를 사용해 노를 젓는다. 유람 시간은 30~35분 정도로 가츠라가와강 상류로 올라 갔다가 내려오는 코스다. 중간에 커피, 사케, 오뎅 등을 파는 선상 매점을 만날 수 있어 뱃놀이에 제격이다.
arashiyama-yakatabune.com 9:00~15:00
옥형선 유람선 30분(2명까지) 4,000엔, 1시간 전세선(성인 5명까지) 14,000엔

아라시야마와 토게츠 다리를 한눈에

호린지 Horin-ji

16, Arashiyama Kokuzoyamacho, Nishikyo-ku, Kyoto-shi
www.kokuzohourinji.com

언제나 관광객으로 북적이는 토게츠 다리에서 남쪽으로 약 300m 떨어진 곳에 1300년 역사의 호린지(法輪寺)가 자리하고 있다. 조용하고 아늑한 느낌의 사원이지만 호린지의 부타이(무대)에 서면 아라시야마 일대와 토게츠 다리가 한눈에 들어오기 때문에 이곳을 찾는 방문객의 수가 적지 않다.
호린지의 본존은 지혜와 덕의 보살인 허공장보살이다. 이 보살에게 기원하면 지혜로워지고 기억력이 좋아진다는 믿음이 전해져, 매년 봄과 가을에 13세의 청소년을 모아 지혜와 덕을 기원하는 '주산마이리'라는 유명한 참배 행사가 치러진다.
특이하게도 호린지 경내에는 전기·전파 관계 사업의 발전과 무사고를 기원하는 신사인 덴덴구가 있다. 앞으로는 전파의 이용이 많아질 테니 전기·전파의 수호신을 모시고, 전기 관련 위인의 영령을 표창해야 한다며 1956년에 세워진 곳이다. 에디슨과 헤르츠의 초상화까지 걸려 있어 눈길을 끈다. 이곳의 부적은 마이크로 SD카드 형태인 것도 재미있다.

INFO.

9:00~17:00

시영버스 28번
아라시야마코엔(嵐山公園) 정류장 하차 후 도보 5분 / 교토버스 83번 아라시야마코엔(嵐山公園) 정류장 하차 후 도보 5분 / 한큐 아라시야마선 한큐아라시야마역(阪急嵐山駅)에서 도보 5분 / 케이후쿠 아라시야마혼선 아라시야마역(嵐山駅)에서 도보 10분 / JR 사가노선 사가아라시야마역(嵯峨嵐山駅) 남쪽 출구(南口)에서 도보 20분

TIP. 호린지에서 운세나 길흉을 점치기 위해 뽑는 제비인 오미쿠지(おみくじ)를 즐겨 보자. 전기 전파와 관련된 곳인만큼 호린지에는 디지털식 최신 오미쿠지인 '덴덴 오미쿠지'가 있다. 오른손을 올려 동그란 구슬에 올리면 전류가 발생해 왼손이 쥐고 있는 검으로 전달되고 모니터에 오미쿠지 번호가 나타난다.

Quiet Temple

도심 속 또 다른 공간

교토에는 여행자들에게는 잘 알려지지 않은 매력적인 신사가 많다. 조금은 복잡한 명소를 둘러봤다면 이제 도심 속에 자리한 고즈넉한 신사를 찾아볼 차례. 교토의 아름다운 자연을 즐기고, 소원도 빌고, 나만의 시간을 즐겨보자.

교토의 숲에 우뚝 선, 하늘로 통하는 다리

도후쿠지 Tofuku-ji

15-778, Honmachi, Higashiyama-ku, Kyoto-shi
tofukuji.jp
@tofukuji_zen_temple

교토에서 가장 큰 가람을 가졌으며 단풍이 아름답기로 소문난 도후쿠지(東福寺)는 약 20년에 걸쳐 지어진 대형 사원이다. 이름은 나라의 유명한 사원인 도다이지와 고후쿠지에서 한 글자씩 따온 것으로, 경내에 국보 및 중요 문화재를 많이 소장하고 있다.
유료와 무료 구역이 나누어져 있는 것이 특징인데, 우선 무료 구역의 주요 볼거리로 본당과 산몬을 들 수 있다. '불전'이라고도 불리는 본당은 1881년 화재로 소실된 뒤 1934년에 재건했는데 당시 목조 건물 중에서는 최대 크기였다. 본당 옆에 있는 거대한 문인 산몬은 1425년 지어져 일본의 산몬 중 가장 오래된 것으로, 일본의 국보이기도 하다.
유료 구역에 있는 쓰텐쿄와 혼보테이엔이야말로 도후쿠지의 하이라이트다. 쓰텐쿄는 도후쿠지의 경내를 흐르는 센교쿠칸 계곡의 다리 중 가장 유명하다. 다리에 서서 계곡의 시원한 경치를 바라보자. 가을이 되면 불타는 듯한 단풍 사이로 우뚝 솟은 모습이 일품이다. 1959년 태풍으로 무너진 후 안전을 위해 교각을 철근 콘크리트로 다시 만들었다.
국가 명승지로도 지정된 혼보테이엔은 정갈하고도 다채로운 일본 정원의 진수를 보여준다. 현재의 정원은 조경 예술가인 시게모리

미레이가 1939년 완성한 것이다. 석가모니 생애에 일어난 8가지 중요한 사건과 불교적 관념을 거석과 모래, 이끼 등으로 표현했다. 창건 당시의 흔적을 바탕으로 현대적인 느낌까지 가미된, 세계적으로도 유명한 정원이다. 마루에 걸터앉아 휴식을 취하며 조용한 정원을 감상해보자.

INFO.

🕒 4~10월 말 9:00~16:00, 11~12월 첫째 주 일요일 8:30~16:00, 12월 첫째 주 월요일~3월 말 9:00~15:30

🎫 혼보테이엔 고등학생 이상 500엔, 초·중학생 300엔 / 쓰텐쿄·가이산도 고등학생 이상 600엔(추계 1,000엔), 초·중학생 300엔 *혼보테이엔·쓰텐쿄·가이산도 공통권 고등학생 이상 1,000엔, 초·중학생 500엔

🚌 시영버스 58·88·202·207·208번 승차 후 도후쿠지(東福寺) 정류장 하차 후 남쪽으로 도보 10분 / JR 나라선·케이한 본선 도후쿠지역(東福寺駅)에서 남쪽으로 도보 10분(도후쿠지 남문)

TIP. 가을 단풍 시즌(11월 하순)에는 야간 특별 개장을 한다. 비용은 1인당 3,000엔. 예약제이므로 관심이 있다면 10월 하순 홈페이지를 참조하자.

청정의 땅에서 사랑을 바라는 연인들

노노미야 신사 Nonomiya Shrine

1, Saganonomiyacho, Ukyo-ku, Kyoto-shi
www.nonomiya.com

노노미야 신사(野宮神社)는 치쿠린 안에 있는 작은 신사다. 학문과 연애 성취, 순산의 신을 모시고 있어 좁은 경내는 언제나 연인 참배객으로 가득하다. 창건 시기는 대략 9세기 초로 추정된다. 덴노를 대신해 이세 신궁*을 섬길 사이구(미혼의 황녀 혹은 왕녀)들이 신궁에 들어가기 전 이곳에서 3년 동안 몸을 정갈하게 했다고 전해진다. 1010년경 쓰여진 일본에서 가장 오래된 장편소설, 《겐지 이야기》에도 노노미야 신사의 아름다움이 잘 묘사되어 있다. 일본에서 유일하게 이곳에서 껍질 그대로의 원목으로 만든 검은색 도리이, '쿠로키노 도리이'를 볼 수 있다. 이는 가장 원시적인 양식의 도리이다. 신사 안쪽에 펼쳐진 이끼 정원은 마치 초록색 카펫을 연상케 한다. 아라시야마를 형상화했으며, 나무로 된 작은 다리는 토게츠 다리를 표현한 것이다.

---

*이세 신궁(伊勢神宮)

미에현 이세시에 있는 신사. 일본의 모든 신사보다 한 단계 위에 있는 신사로, 그냥 '신궁'이라 말하면 이곳을 의미한다. 일본 황실과 국민의 조상신인 아마테라스를 위한 정궁이 있다. 덴노의 이데올로기와 국가신토를 지탱하는 곳으로 보수파의 상징이며, 도쿄의 야스쿠니 신사와 함께 침략 전쟁의 정신적 지주 역할을 한 신사다.

INFO.

시영버스 11·28·93번 승차 후 노노미야(野々宮) 하차 후 도보 3분 / 케이후쿠 아라시야마혼선 아라시야마역(嵐山駅)에서 도보 8분 / JR 사가노선 사가아라시야마역(嵯峨嵐山駅) 남쪽 출구에서 도보 10분 / 한큐 아라시야마선 한큐아라시야마역(阪急嵐山駅)에서 도보 20분

TIP. 노노미야 신사에는 소원을 이루어 주는 돌로 유명한 '오카메이시(お亀石)'가 있다. 우리말로 풀이하면 '거북돌'인데, 마음속으로 소원을 빌면서 돌을 문지르면 1년 안에 소원이 이루어진다고 한다. 하지만 이름과 달리 거북이처럼 생기지 않아서 모르고 지나치는 경우가 많다. 오카메이시 바로 옆에는 '연애 샘물'인 물통이 있다. 물 위에 띄워 놓은 종이에 적힌 글자가 모두 사라지면 소원이 이루어진다고 한다.

학문의 신과 소, 그리고 매화 축제

기타노텐만구 Kitano Tenmangu

Bakurocho, Kamigyo-ku, Kyoto-shi
www.kitanotenmangu.or.jp
@kitano_tenmangu

기타노텐만구(北野天満宮)는 헤이안시대의 문인이자 정치가였던 스가와라노 미치자네(845~903)를 '학문의 신'으로 모시고 있다. 당대에 천재로 이름 날리던 인물을 모시는 곳답게 경내에는 전국에서 수학여행을 온 학생들이 많다. 입시철이 되면 수험생과 부모가 이곳에서 합격을 기원한다. 취업 준비생들도 빠지지 않는다. 일본 전역 12,000여 곳에 달하는 텐만구 신사 중 기타노텐만구는 오사카텐만구, 다자이후텐만구와 함께 3대 텐만구로 꼽힌다.

스가와라노 미치자네는 신분의 한계를 극복하고 재상의 자리까지 올랐지만, 권력층이었던 후지와라 일족에게 견제를 받아 멀리 좌천됐고 규슈의 다자이후에서 사망한다. 좌천되던 때에 '동풍이 불면 꽃을 피워 향기를 전해다오. 매화여, 내가 없어도 봄을 잊지 마오'라는 시를 읊었는데, 이를 듣고 하룻밤 만에 매화가 다자이후까지 날아왔다는 전설이 있다. 매화를 각별하게 여긴 스가와라노 미치자네를 위해 기타노텐만구의 경내에는 1,500그루나 되는 매화나무가 있다.

TIP. 보물전(입장료 300엔)에서는 국보인 〈기타노텐진엔기〉를 비롯한 각종 미술품과 공예품, 일본의 유명 역사서 《일본서기》 등을 관람할 수 있다.

매년 2월 25일에는 900년 전통을 가진 매화 축제가 열린다. 경내에는 소의 상징물도 가득하다. 소는 스가와라노 미치자네의 사자로 불리고 있다. 스가와라노 미치자네가 황소의 해에 태어났고 황소의 월과 날에 죽었다는 설, 좌천될 때 소를 타고 갔고, 소가 그를 자객으로부터 지켜줬다는 설 등 여러 가지 유래가 전해진다. 가장 일반적인 것은 스가와라노 미치자네의 시신을 옮기던 소가 슬픔에 빠져 움직이지 않았다는 이야기다. 그래서인지 경내에서 볼 수 있는 소의 모습은 원통한 표정을 짓고 있다.

INFO.

6:30~17:00

무료 / 매화원(2~3월 개방) 중학생 이상 1,200엔, 초등학생 600엔

시영버스 10·50·55·203번 승차 후 기타노텐만구마에(北野天満宮前) 정류장 하차 후 도보 1분 / 케이후쿠 기타노선 기타노하쿠바이초역(北野白梅町駅)에서 직진 도보 7분

황금빛 천수관음상을 만나다

산주산겐도
Sanjusangen-do

657, Sanjusangendomawari-cho, Higashiyama-ku, Kyoto-shi
sanjusangendo.jp
@sanjusangendo_temple

'1,001구의 관음상이 황금빛으로 빛나며 늘어서 있다'는 설명만으로도 궁금증이 생기는 이곳의 정식 명칭은 '렌게오인'이다. 본당 건물이 33칸으로 되어 있다고 해서 산주산겐도(三十三間堂)로도 널리 알려져 있다. 남북으로 약 120m나 되는 본당에는 금박을 입힌 관음상 1,001구가 빼곡히 자리하고 있다. 실제로 보면 압도적인 경관에 입이 떡 벌어진다. 내부 사진 촬영은 금지되어 있으므로 그 장관을 직접 두 눈에 담기 바란다.
산주산겐도는 1165년에 창건됐으나 100년도 되지 않아 화재로 소실되었다. 그러다가 1266년에 본당이 재건되어 오늘에 이른다. 본당 가운데에는 중존인 천수관음좌상이 안치돼 있는데 전체 높이만 7m에 이르는 거대한 크기이며, 가마쿠라 시대의 불사였던 단케이가 사망하기 2년 전에 완성했다고 한다. 시대를 대표하는 걸작으로서 일본의 국보로 지정돼 있다.
중존의 좌우에는 십일면천수관음입상이 그야말로 '불상의 숲'을 이루고 있다. 그중 창건 당시부터 있었던 124구를 제외한 나머지 관음상은 재건 당시 만들어진 것이다. 전체 관음상 중 절반 정도에는 제작자의 이름이 남겨져 있고, 모든 관음상의 표정이 다르다는 것이 특징이다. 그중에는

자신을 닮았거나 보고 싶은 사람을 닮은 관음상이 꼭 있다는 이야기가 전해지니 눈여겨보자. 관음상 앞에는 박력 넘치는 풍신뇌신상이 마치 호위하듯 서 있다.
매년 1월 중순 본당 서쪽에서는 활을 쏘는 행사 토시야가 열린다. 에도시대부터 지금까지 이어지는 인기 축제로, 본당 한쪽 끝에서 끝까지 활을 쏘는 경기에 전국의 궁수들이 참가한다.

INFO.

8:30~17:00

600엔, 중·고등학생 400엔, 초등학생 이하 300엔

시영버스 100·206·208번 승차 후 하쿠부츠칸산주산겐도마에(博物館三十三間堂前) 정류장 하차 후 도보 1분 / 케이한 본선 시치조역(七条駅) 2번 출구에서 동쪽으로 도보 5분

아름다운 사찰에서 감상하는 사가노의 절경

조잣코지 Jojakko-ji

3, Sagaogurayama Oguracho, Ukyo-ku, Kyoto-shi
jojakko-ji.or.jp
@jojakkoji

토게츠 다리를 기준으로 남쪽은 아라시야마, 북쪽은 사가노라 부른다. 아라시야마는 벚꽃으로 이름나 있는데 호린지에 올라가면 그 풍경이 잘 보인다. 사가노 지역의 오구라 산은 단풍이 아름다워 예로부터 덴노나 귀족들이 저택을 짓는 곳으로 유명했다. 16세기 말, 단풍의 절경이 잘 보이는 산 중턱에 승려 닛신이 조잣코지(常寂光寺)를 세웠다. 경내에서 보이는 풍경이 너무도 아름다워 사찰의 이름을 '변하지 않는 광명의 세계'라는 의미의 불교 용어인 '상적광토(常寂光土)'로 지었다고 한다.

볼거리는 인왕문과 본당, 다보탑 정도이고 담도 없는 산속 작은 사찰이지만, 절의 이름대로 주위 풍경과 단풍의 아름다움은 어느 사찰에도 뒤지지 않는다. 경내에서는 아라시야마 지역이 잘 내려다보여 마치 전망대에 올라온 기분까지 느낄 수 있다. 본당은 후시미모모야마(伏見桃山) 성의 전각을 이축한 것이고, 인왕문은 일련종(日蓮宗)의 대본산인 혼코쿠지(本圀寺)의 남문을 옮겨 지은 것이다.

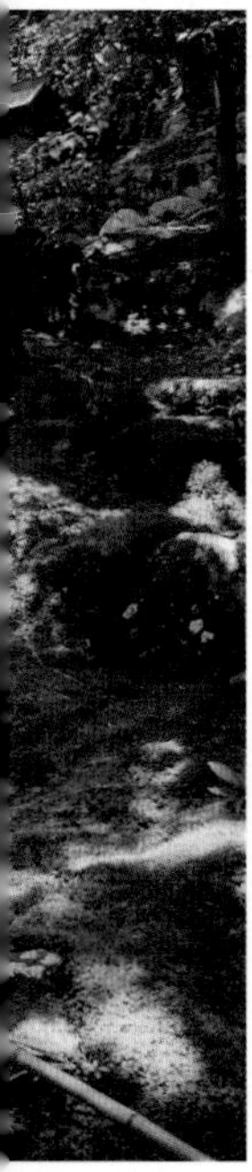

INFO.

9:00~17:00

500엔

시영버스 11·28·93번 승차 후 노노미야(野々宮) 정류장 하차 후 도보 10분 / 케이후쿠 아라시야마혼선 아라시야마역(嵐山駅)에서 도보 15분 / JR 사가노선 사가아라시야마역(嵯峨嵐山駅) 북쪽 출구에서 도보 15분 / 사가노 관광철도 토롯코아라시야마역(トロッコ嵐山駅)에서 도보 5분

Festival

교토의 특별한 축제

교토의 축제는 특별하다. 천년 고도의 자부심과 품격을 간직하며 고유의 전통과 문화를 유지하고 있다. 교토의 3대 축제인 기온마츠리는 야사카 신사, 지다이마츠리는 교토고쇼, 아오이마츠리는 시모가모 신사에서 시작된다. 여행 중 교토의 축제를 만나는 특별한 시간을 가져보자.

일본 3대 축제인 기온마츠리의 발상지

야사카 신사 Yasaka Shrine

625, Giommachi Kitagawa, Higashiyama-ku, Kyoto-shi
www.yasaka-jinja.or.jp
@kyotogionyasaka

교토의 야사카 신사(八坂神社)는 일본의 모든 야사카 신사와 일본 신화의 신 스사노오를 제신으로 하는 관련 신사(전국 약 2,300곳)의 총본산이다. 국가의 중대사나 천재지변 때 조정에서 의식을 행한 22개의 주요 신사인 '22사'에 속한, 격이 높은 신사다. 1868년까지는 '기온칸신인' 혹은 '기온샤' 등으로 불렸고 교토 사람들은 친근하게 '기온상'으로 부르기도 했다. 창건에 관해서는 여러 설이 있지만, 656년 고구려에서 사절로 온 이리지사주가 세웠다는 설이 널리 알려져 있다. 야사카 신사 경내에는 중요 문화재가 무려 29개나 된다. 그중에서도 본전은 독특한 건축양식으로 그 가치를 인정받아 2020년 국보로 지정됐다. 본전의 동쪽에는 '우츠코시고젠샤'라는 작은 말사가 있는데, 이곳에서는 미인으로 이름났던 세 명의 여신을 모신다. 도리이 옆에 자리한 '미용수'를 피부에 바르면 아름다워진다는 이야기가 유명해 교토의 마이코를 비롯한 수많은 여성들이 이곳을 찾는다.
일본 3대 축제 중 하나이자 1,100년이 넘는 역사를 자랑하는 기온마츠리가 시작되는 곳이기도 하다. 축제가 열리는 매년 7월이 되면 야사카 신사는 물론 기온, 시조도리 일대까지 인산인해를 이룬다.
교토의 메인 스트리트인 시조도리의 동쪽 끝에 위치해 있고, 번화가인 가와라마치에서 기요미즈데라로 가는 길목이기도 해 많은 관광객과 참배객이 야사카 신사를 교토 여행의 시작점으로 삼는다. 정해진 입구 없이 사방에서 출입이 가능하고, 24시간 개방돼 있다는 점이 특징이다.

INFO.

시영버스 12·46·86·201·202·206·207번 승차 후 기온(祇園) 정류장 하차 후 도보 1분 / 케이한 본선 기온시조역(祇園四条駅) 6·7번 출구에서 도보 10분 / 한큐 교토선 교토가와라마치역(京都河原町駅) 1A·1B 출구에서 동쪽으로 도보 15분 33 Omuro Ouchi, Ukyo ward, Kyoto-shi 9:00~17:00, 12-2월 9:00~16:30 고텐 고등학생 이상 500엔, 중학생 이하 300엔, 및 레이호칸(보물 전시실) 성인 500엔, 중·고등학생 300엔 *벚꽃 시즌 고등학생 이상 500엔, 중학생 이하 200엔 www.ninnaji.jp @ninnajitemple

TIP. 야사카 신사는 24시간 입장이 가능하고 연중무휴다. 기온시조역에서 도보 5분 거리. 바로 옆에 마루야마 공원이 있고, 근처에 식당과 술집 등이 많아 저녁 식사 후 산책으로 방문하기 좋다. 기온이나 하나미코지도리에서 식사를 즐긴 후 야사카 신사, 마루야마 공원, 야사카노토, 산넨자카까지의 산책을 추천한다. 30분 소요 코스로 낮과는 다른 고즈넉한 풍경을 만날 수 있다.

plus spot

야사카노토

기요미즈데라에서 야사카 신사로 가는 길에 한 번쯤 보게 되는 탑이 있다. 바로 법관사(法観寺)의 상징 5층탑인 야사카노토(八坂の塔)로 주변에 높은 건물이 없어 눈에 잘 띈다. 야사카의 탑은 교토에서 가장 오래된 목탑이며, 법관사는 589년 쇼토쿠 태자가 발원한 절이다. 오사카에서 시텐노지를 지을 때 사용할 목재를 이곳에서 베어 갔는데 이후 불사리를 모실 만한 터라고 하여 법관사를 지었다. 화재로 소실되어 1440년 재건되었고 지금은 야사카의 탑만 남아 있다. 법관사 입장 시 입장료가 있다.

388 Yasaka Kamimachi, Higashiyama-ku, Kyoto-shi
10:00~16:00 성인 400엔

지다이마츠리가 시작되는 일본의 정궁

교토고쇼 Kyoto Imperial Palace

Kyotogyoen, Kamigyo-ku, Kyoto-shi
sankan.kunaicho.go.jp

교토의 지도를 보면 눈에 띄게 커다란 녹색 부지가 보인다. 이곳은 동서로 약 700m, 남북으로 1.3km, 총 면적 920,000㎡의 거대한 공원 교토교엔이다. 한여름에는 끝까지 걸어가는 게 엄두가 나지 않을 정도의 규모로, 과거에는 이곳에 귀족의 저택이 200채가 넘게 있었다고 한다. 교토교엔은 언제나 개방되어 있다. 사계절 형형색색의 나무와 꽃이 아름다움을 뽐내고, 밤에는 달빛 아래 흙길을 걷는 운치가 있어 시민들의 휴식처로 사랑받고 있다. 하지만 이곳을 찾은 여행객들은 단순히 공원을 보려고 온 것이 아니다. 바로 역대 덴노가 생활했던 어소인 교토고쇼(京都御所)가 있기 때문이다.
교토고쇼는 14세기부터 메이지 시대인 1869년까지 대략 500여 년 동안 덴노가 거주하던 곳이다. 도쿄로 옮긴 뒤에도 한동안은 이곳에서 즉위식을 올리는 등 일본의 정궁이라는 인식이 아직까지 남아 있다. 전쟁과 화재로 소실과 복원을 반복했지만, 왕실 재산으로서 궁내청이 엄격히 관리한다.
오늘날에도 덴노와 그 가족이 교토를 방문하거나 국빈이 올 때는 영빈관으로 활용된다. 과거에는 미리

신청해야만 참관할 수 있었으나 현재는 예약할 필요 없이 연중 공개하고 있다.
매년 10월 22일에는 교토 3대 축제 중 하나인 지다이마츠리가 열린다. 1895년에 시작되어 역사는 짧지만, 화려함과 풍성한 볼거리로 많은 관람객이 찾는다. 특히 수도 교토의 1,000년 역사를 8가지 시대의 다양한 의복으로 연출하는 퍼레이드가 하이라이트. 동원되는 의복만 총 12,000벌이 넘을 정도로 규모가 크다. 교토고쇼에서 출발해 헤이안진구까지 이어지며, 다 보려면 약 2시간이 소요된다.

INFO.
9:00~17:00(월요일 및 비정기 휴무)
시영버스 59·201·203번 가라스마이마데가와(烏丸今出川) 정류장 하차 후 도보 3분(북쪽 입구) / 지하철 가라스마선 이마데가와역(今出川駅) 3번 출구에서 도보 3분(북쪽 입구) / 케이한 본선 진구마루타마치역(神宮丸太町駅) 3번 출구에서 도보 10분(남쪽 입구)

아오이마츠리가 열리는, 가장 오래된 신사

시모가모 신사 Shimogamo Shrine

59, Shimogamo Izumikawa-cho, Sakyo-ku,
Kyoto-shi
www.shimogamo-jinja.or.jp
@kamomioyajinja

오래된 신사가 많은 교토에서도 가장 긴 역사를 가진 곳이 바로 시모가모 신사(下鴨神社)다. 창건 시점은 정확하지 않으나 8세기 말 교토에 헤이안쿄가 천도해오기 훨씬 전부터 있었다고 전해진다. 고대 교토의 역사 기념물로서 유네스코 세계문화유산에 등재되기도 했다. 정문인 로몬까지 가는 참배로에는 수령 200년 이상의 거목들이 가득한 '다다스의 숲'이 있다. 일본 신화의 무대가 되는 곳이라고 하니 괜스레 신비로운 기운이 감도는 듯하다. 로몬을 통과해 오른쪽에 보이는 미타라시 연못에 발을 담그면 더러움과 죄를 씻을 수 있다는 말이 전해진다. 경내에는 작은 사택 신사들도 많은데, 미를 기원하는 여성들과 미용업계 종사자가 주로 찾는 카와이 신사와 사랑의 결실을 기원하는 연인들이 줄을 잇는 아이오이샤가 유명하다. 시모가모 신사의 정식 명칭은 '가모미오야 신사'지만 교토를 흐르는 강인 가모가와의 하류에 있다 하여 통칭 시모가모 신사라 불린다. 상류에

자리한 가미가모 신사와 더불어 '가모 신사'로 불리기도 한다. 두 곳 모두 일본 고대 신화에 나오는 가모 씨를 신으로 모시며, 일본의 수많은 역사문학에도 자주 등장한다.
매년 5월 15일에는 교토 3대 마츠리 중 하나인 아오이마츠리가 이곳에서 열린다. 헤이안시대의 왕실이 신사에 참배를 가는 행렬을 재현한 퍼레이드를 감상해보자. 퍼레이드 참가자만 500여 명이고, 축제의 주인공인 사이오*는 12겹 비단으로 짠 30kg의 기모노를 입을 정도로 크고 화려한 축제다. 행렬은 고토고쇼에서 출발해 시모가모 신사에서 예를 올리고, 다시 가미가모 신사로 출발한다.

INFO.

6:30~17:00 *계절 따라 변동

시영버스 4·205번 승차 후 시모가모진자마에(下鴨神社前) 정류장 하차 / 케이한 본선·에이잔 혼선 데마치야나기역(出町柳駅) 5번 출구에서 다리 건너 도보 5분

*사이오
사이오는 일본 황실의 미혼 여성으로 7세기부터 14세기까지 이세 신궁에 파견되어, 자신이 모시던 황제가 죽거나 왕위를 물러날 때까지 봉직하였다. 사이오는 황제를 대신해 대사제 역할을 하였다. 풍년을 기원하며 축제에서 공연하고, 수확한 곡식을 신에게 바쳤다. 사이오였던 야스코 공주의 사랑 이야기는 《이세 이야기》에서 전해지고 있다.

Nearby

근교로 떠나는 여행

시내의 주요 명소 외에도 교토 인근에는 매력적인 여행지가 많다. 주황빛의 매혹적 도리이로 유명한 후시미이나리타이샤, 가을 단풍으로 유명한 오하라는 버스를 이용해 들러보자.

붉은 도리이의 길을 걸어보자

후시미이나리타이샤 Fushimi Inari-taisha

68, Fukakusa Yabunouchicho, Fushimi-ku, Kyoto-shi
inari.jp
@fushimiinaritaisha_official

'여우 신사' 혹은 '붉은 도리이의 길'로 불리는 후시미이나리타이샤(伏見稲荷大社)는 농업·상업·저택의 신으로서 여우의 형상을 한 이나리 신을 모시고 있다. 일본 전국에 3만여 개의 말사를 거느린 이나리 신사의 총본산으로, 연말연시가 되면 이곳 일대가 인파로 마비되기도 한다. 영화 〈게이샤의 추억〉의 배경으로 등장한 붉은 도리이 길은 우리나라는 물론 해외에도 널리 알려져 교토에서 외국인 관광객이 가장 많은 곳이다. 후시미이나리타이샤의 상징인 붉은 도리이 길은 그 사이를 파고드는 햇빛과 어우러져 마치 다른 세계로 들어가는 입구처럼 신비스러운 풍경을 자아낸다. 산 아래에 자리 잡은 본전에서부터 정상까지의 작은 신사들을 모두 잇는 이 도리이 길은 신에게 가는 길이라고 한다. 도리이 길이 시작되고 얼마 지나지 않아 조금 작은 도리이가 촘촘하게 두 갈래로 난 구간이 등장한다. 이곳은 센본도리이(천 개의 도리이)로서 전체 구간 중 가장 유명하다. 센본도리이를 지나면 오쿠샤가 나오는데 그 안쪽에는 오모카루이시가 있다. 한 쌍의 석등 앞에서 소원을 빈 뒤에 석등의 머리를 들어보고 무거운가(오모이), 가벼운가(카루이)에 따라 운세를 점치는 것이다. 생각보다 가벼우면 소원이 이루어진다고 전해진다. 에도시대부터 도리이를 봉납하는 풍습이 이어져 그 수가 계속 증가했고, 현재는 산 전체에 약 1만 개의 도리이가 있다. 노화된 도리이도 많아 늘 하루에 3개 정도는 수리하거나 교체할 정도라고 한다. 도리이 길을 오르다 보면 다양한 사이즈의 봉납된 도리이들이 전시되어 있거나 혹은 방치된 것처럼 쌓여 있다. 대부분의 일본 신사에는 소원을 적어 봉납할 수 있는 에마가

있는데, 이곳의 에마는 도리이 형태를 하거나 여우의 머리 모양을 하고 있어 독특하다. 여우의 얼굴에 저마다 재미있는 그림을 그리기도 하니 이를 구경하는 것도 소소한 즐거움이다. 정상까지 올라갔다 오면 한나절은 훌쩍 지나가는 데다 체력까지 소비된다. 일정이 촉박하면 센본도리이까지만 보고 돌아올 것을 추천한다.

INFO.

시영버스 南5번 이나리타이샤마에(稲荷大社前) 정류장 하차 후 도보 7분 / JR 나라선 이나리역(稲荷駅)에서 도보 1분 / 케이한 본선 후시미이나리역(伏見稲荷駅)에서 동쪽으로 도보 5분

TIP. 후시미이나리타이샤를 둘러보고 식사를 즐기고 싶다면 500년 역사를 자랑하는 장어덮밥집 네자메야(祢ざめ家)를 방문해보자. 장어덮밥 외에도 유부초밥, 소바, 우동, 사바즈시 등도 맛볼 수 있다.

82-1 Fukakusa Inarionmaecho, Fushimi-ku, Kyoto-shi 10:00~16:30 (마지막 주문 16시, 비정규 휴무)

nezameya.com

10엔 속 배경지, 《겐지 이야기》 그리고 녹차

우지 Uji

뵤도인 Renge 116, Uji, Uji-shi
www.byodoin.or.jp

뵤도인은 1052년 후지와라 가문의 전성기에 관백이었던 요리미치가 아버지 미치나가의 별장을 사원으로 개축한 곳이다. 대부분의 건물이 전란으로 소실되었으나, 1053년에 세워진 봉황당은 이곳의 대표 건축물이고 유네스코 세계문화유산으로 선정되었다. 봉황당(鳳凰堂)의 아미타당에는 아미타여래좌상이 안치되어 있고, 보물관에는 일본 3대 명종 중 하나인 범종과 국보 4점이 있다. 10엔 동전에서는 봉황당, 만 엔 지폐에는 봉황당 지붕에 장식된 봉황을 볼 수 있다. 연못 건너편에서 봉황당을 바라보면 본존불의 얼굴과 봉황당이 수면에 비치는 모습, 극락정토를 표현한 정원이 특히 아름답다.
우지에 대해 이야기할 때 빠지지 않는 것은 바로 11세기에 쓰여진 일본 고전 문학 《겐지 이야기》다. 우지는 풍경이 아름다워 과거 귀족들에게 사랑받던 곳으로 《겐지 이야기》의 마지막 배경지로 등장하였다. 《겐지 이야기》에 대해 더 알고 싶다면 1998년 개관한 겐지 이야기 박물관,

일본에서 가장 오래된 3대 교량 중 하나이자 《겐지 이야기》 작가 무라사키 시키부의 조각상이 있는 우지바시를 찾아보자.
우지는 녹차로도 유명하다. 일본에 선불교를 도입한 승려 에이사이는 우지의 사제에게 녹차 재배 방법을 가르쳤고, 우지는 일본 최초의 녹차 재배지 중 하나이자 뛰어난 품질의 재배지로 꼽힌다. 매년 10월에는 고쇼지 사원에서 녹차 축제가 열리기도 한다. 우지 여행 후 말차와 디저트를 꼭 맛보자.

INFO.
뵤도인
성인 600엔, 중·고등학생 400엔, 초등학생 300엔 *봉황당 내부 300엔 별도
정원 8:30~17:30, 봉황당 9:30~17:30, 뮤지엄 9:00~17:00
JR 우지·케이한 우지역에서 도보 10분

INFO.
겐지 이야기 박물관
Higashiuchi 45-26 Uji-shi
성인 600엔, 중학생 이하 300엔
9:00~17:00(월요일 휴무)
JR 우지역에서 도보 15분, 케이한 우지역에서 도보 7분
www.city.uji.kyoto.jp

교토의 조용한 휴양지

오하라 Ohara

산젠인 540 Ohararaikoinch, Sakyo-ku, Kyoto-shi
www.sanzenin.or.jp

교토 여행의 번잡함이 싫다면, 그 번잡함을 피해 아라시야마까지 갔지만 역시나 인파에 시달렸다면 오하라(大原)를 추천한다. 교토 시내에서 버스를 타고 1시간 정도 느릿느릿 가면 도착하는 오하라는 고요한 산골 마을로 11월 단풍철을 제외한다면 교토에서 가장 여유 있는 시간을 보낼 수 있는 교외 여행지다. 산골 마을 오하라에는 오래되고 중요한 사찰들이 많다. 산젠인과 호젠인, 잣코인이 대표적인 명소다. 이 세 곳을 모두 둘러보려면 당일치기로는 벅차기 때문에, 버스 종점 정류장에서 도보로 20분 정도 걸리는 산젠인만 보는 경우가 대부분이다. 산젠인의 슈헤키엔과 유세이엔 두 정원만 봐도 오하라에 온 보람은 충분하다. 특히 유세이엔 이끼 정원 위에 세워진, 어린이의 얼굴을 한 지장보살 상들의 미소를 보고 있노라면 번뇌와 근심이 다 사라지는 기분이다.
산젠인만 보고 오기 아깝다면 오하라에 하루 묵는 것도 추천한다. 쇼토쿠 태자가 594년 아버지를

위해 지었다는 잣코인 쪽에는 오래되었지만 잘 만한 온천 여관이 두 곳 있다. 유모토 온천 오하라 산장과 오하라 노사토 온천은 오즈 야스지로의 1950년대 영화 속으로 들어간 듯한 기분을 선사하는 곳. 오래된 일본의 정취를 느끼며 호젓한 산속에서 밤을 지샐 수 있는 곳이다. 오하라에서 1박을 한다면 높이 솟은 삼나무가 가득한 숲을 걸으며 느린 여행의 묘미를 만끽할 수 있을 것이다. 숙소 옆 잣코인을 비롯해 신메이 신사, 산젠인, 호젠인, 라이고인 등 천 년이 훨씬 넘은 고찰들을 여유 있게 만나보자.

INFO.
산젠인
성인 700엔, 중·고등학생 400엔, 초등학생 150엔
9:00~17:00, 11월 8:30~17:00, 12-2월 9:00~16:30
오하라 버스 정류장 하차 후 도보 10분

INFO.
호젠인
성인 800엔, 중·고등학생 700엔, 초등학생 600엔 *말차와 화과자 포함
9:00~17:00
산젠인에서 도보로 5분
www.hosenin.net

INFO.
잣코인
성인 600엔, 중·고등학생 350엔, 초등학생 100엔
9:00~17:00, 12-2월 9:00~16:30
오하라 버스 정류장 하차 후 도보 15분 www.jakkoin.jp

INFO.
유모토 온천 오하라 산장
입욕료 중학생 이상 100엔, 수건 대여 150엔, 오니기리 정식 1,600엔
당일치기 온천 11:30~15:30
오하라 버스 정류장 하차 후 산젠인 반대 방향으로 도보 15분
www.ohara-sansou.com

Special Experience

때론 특별한 게 좋아

교토를 즐기는 방법은 무궁무진하다. 교토의 아름다운 풍경을 감상하는 것만이 아닌 직접 풍경 속에 들어가보는 특별한 경험을 하고 싶다면 사가노 토롯코 열차와 호즈가와쿠다리를 이용해보자. 교토스러운 액티비티의 짜릿한 매력에 빠지게 될 것이다.

클래식한 열차를 타고 바람의 계곡을 달리자

사가노 토롯코 열차 Sagano Romantic train

Sagatenryuji Kurumamichicho, Ukyo-ku, Kyoto-shi
www.sagano-kanko.co.jp
@saganoromantictrain_1114

사가노 관광철도에서 운행하는 사가노 토롯코열차(嵯峨野トロッコ列車)를 타고 호즈가와 계곡의 그림 같은 사계절 풍경을 감상하자. 과거 폐쇄된 노선을 1991년 재생해 첫 해부터 예상치의 3배를 웃도는 69만 명을 수송하며 대박을 터트린 일본 최초의 관광 전용 열차다. 토롯코는 화물을 수송할 때 쓰는 소형 열차를 의미한다.
노선 길이는 7.3km, 소요 시간은 약 25분이다. 총 4개의 역이 있는데, 대부분의 승객들은 토롯코사가역(トロッコ嵯峨駅)에서 타서 종점인 토롯코카메오카역(トロッコ亀岡駅)에서 내린다. 여기에서 다시 열차를 타고 돌아오거나, 호즈가와쿠다리를 타러 가는 것이다. 치쿠린과 가까운 토롯코아라시야마역을 이용하는 승객도 많다. 치쿠린 감상을 마치고 바로 호즈가와쿠다리를 타러 가기에 좋기 때문이다.
평균 시속 25km로 천천히 달리기 때문에 풍경을 느긋하게 감상할 수 있으며, 주요 포인트에서는 사람들이 사진을 찍을 수 있도록 속도를 더 줄여주기도 한다. 가끔 계곡 아래 호즈가와쿠다리가 지나가면 서로 반갑게 손을 흔드는 모습이 정겹다.
유리창이 없는 오픈형 객차인 '더 리치호(5호차)'는 인기가 높아 예매하지 않으면 타기 어렵다.
겨울에는 석탄 난로가 있는 스토브 열차를 운행하기도 한다.
벚꽃철이나 단풍 시즌에는 당일권을 구하기가 어려우니 예매를 추천한다. 승차일 한 달 전부터 간사이 지역 내 JR 주요 역 매표소 혹은 인터넷에서 예매할 수 있다. '더 리치호'를 이용하려면 예매 시 '사가노 리치호'를 선택해야 한다. 예매 관련 상세 사항은 홈페이지(한국어)에 잘 정리돼 있으니 참고하자.

ROMANTIC TRAIN
嵯峨野
SINCE 1991

トロッコ嵯峨駅
ジオラマ京都 JAPAN
25周年

INFO.

🕒 토롯코사가역 8:35부터 당일권 선착순 판매 개시, 토롯코아라시야마역 8:50부터 당일권 선착순 판매 개시, 토롯코카메오카역 9:10부터 당일권 선착순 판매 개시 *인파가 몰릴 경우 조기 개시할 수 있음(1~2월 및 수요일 휴무)

🎫 12세 이상 880엔, 6~11세 440엔, 1~5세는 보호자 1명당 1명 무료, 1세 미만 무료

🚌 (토롯코사가역)시영버스 11·28·93번 승차 노노미야(野々宮) 정류장 하차 후 도보 6분 / JR 사가노선 사가아라시야마역(嵯峨嵐山駅) 남쪽 출구(南口)에서 도보 1분 / 케이후쿠 아라시야마혼선 아라시야마역(嵐山駅)에서 도보 10분

TIP. 1. 토롯코사가역 옆에 자리한 '디오라마 교토 JAPAN'에는 가로 17.3m, 세로 12.3m나 되는 일본 최대급의 철도 디오라마가 있다. 섬세하게 재현된 교토의 여러 사적과 거리 사이를 오가는 다양한 모형 열차를 구경해보자. 그중에는 물론 사가노 토롯코 열차도 있다. 매시간 30분에는 장내 불이 꺼지고 화려한 교토의 야경 위로 별자리가 펼쳐진다. 영업 시간은 9:00~17:00(마지막 접수 16:30), 입장료는 성인 530엔, 어린이 320엔이다(토롯코 열차에 승차할 경우 110엔 할인).
2. 사가노 토롯코 열차를 타고 가서 호즈가와쿠다리로 돌아올 계획이라면, 열차 티켓은 물론 승선장까지 가는 이동 수단(연락 버스, 교바샤, 예약 택시), 호즈가와쿠다리 티켓까지 모두 토롯코사가역에서 미리 구입할 것을 추천한다.

물의 흐름에 몸을 맡기고

호즈가와쿠다리 Hozugawa Kudari

2, Shimonakajima, Hozucho, Kameoka-shi
www.hozugawakudari.jp
@hozugawakudari

'쿠다리'는 '내려간다'라는 뜻이다. '호즈가와쿠다리(保津川下り)'는 말 그대로, 호즈가와강 물살에 배를 맡긴 채 방향만 노를 이용해 바꾸며 하류까지 내려간다. 가메오카에서 아라시야마까지 운항 시간은 약 90분이지만 물의 양에 따라 빨라지기도 하고 느려지기도 한다. 사계절 아름다운 호즈가와 계곡을 느긋하게 감상하자. 능숙하게 배를 이끄는 사공의 몸짓에 감탄하고, 이따금 지나가는 토롯코 열차에 손을 흔들어주다 보면 어느새 토게츠 다리가 보일 것이다. 지난 400여 년간 사공들이 남긴 흔적이 빼곡한 바위들, 사자나 물고기 형상을 한 기암, 덴노들이 낚시를 했던 장소 등 볼거리가 많다. 운이 좋으면 강변에 놀러 나온 사슴도 만날 수 있다. 하류에 이르면 수상 매점이 등장한다. 인기 메뉴인 오징어구이나 당고(떡꼬치)를 먹어보자.

과거 쿠다리는 물자를 수송하는 용도였다. 물살은 빠르고 바위는 많기 때문에 뗏목처럼 엮어서 옮기는 수준이었는데, 1606년 교토의 거상 스미노구라 료이의 개수 공사로 호즈가와에 배를 띄울 수 있게 되었다고 한다. 세월이 흘러 수운으로서의 이용은 줄었지만 협곡의 아름다움과 아라시야마로 가는 길목이라는 장점이 있어 1885년부터는 관광 목적으로 다시 태어났다.

INFO.

🕒 3월 10일~12월 10일 9:00~15:00(매시간 정각 출항), 12월 12일~3월 9일 10:00~14:30(10:00·11:30·13:00·14:30 출항) *휴일에는 정원 모이면 수시 출발 *운항 시간은 예고 없이 변경될 수 있음

🎫 중학생 이상 4,500엔, 4세~초등학생 3,000엔, 3세 이하 무료 *3세 이하는 보호자 무릎에 착석

🚆 사가노 관광철도 토롯코카메오카역(トロッコ亀岡駅) 하차 후 ① 연락 버스 이용 시 약 10분 (중학생 이상 310엔, 초등학생 이하 160엔) ② 교바샤(京馬車) 이용 시 약 25분(성인 1,200엔, 소인 600엔, 3세 이하 무료) ③ 예약 택시 이용 시 약 5분(1대 4명까지 1,400엔) / JR 사가노선 가메오카역(亀岡駅) 북쪽 출구에서 도보 8분

TIP. 1. 옷이 다 젖거나 카메라를 떨어뜨릴 수 있으므로 유의할 것. 가을만 돼도 쌀쌀하기 때문에 따뜻하게 입는 편이 좋다.
2. 사가노 토롯코 열차를 타고 가서 호즈가와쿠다리로 돌아올 계획이라면, 열차 티켓은 물론 승선장까지 가는 이동 수단(연락 버스, 교바샤, 예약 택시), 호즈가와쿠다리 티켓까지 모두 토롯코사가역에서 미리 구입할 것을 추천한다.
3. 아라시야마를 거치지 않고, 한큐 교토선 가쓰라역(桂駅)에서 승선장으로 바로 오는 방법도 있다. 가쓰라역 동쪽 출구 안내소에 가면 호즈가와쿠다리 승선권 및 각종 할인 특전이 포함된 세트 승차권을 4,640엔에 살 수 있다.

Obanzai 오반자이

카마도타키타테고항 도이
교토에키하치조구치점

Kamado Takitate Gohan Doi Kyoto Station Hachijo Exit store
竈炊き立てごはん 土井 京都駅八条口店

JR 교토역 하치조구치 1층, ASTYROAD에 자리한 카마도타키타테고항 도이에서 교토 전통 가정식인 오반자이를 즐겨보자. 10:30 이전에 가면 밥과 오반자이 반찬을 뷔페식(1,100엔)으로 마음껏 먹을 수 있다. 특히 가마솥으로 지은 쌀밥의 맛은 놀라울 정도.

8-3, Higashishiokoji Kamadonocho, Shimogyo-ku, Kyoto-shi +81-75-634-8545
9:00~21:00(연중무휴)
예약 불가 신용카드 가능
doishibazuke.co.jp/kamadopost/179

교토 코토코토

Kyoto Kotokoto
京都 ことこと

신선함을 유지하기 위해 교토산 쌀, 계란, 농산물, 육류로 만든 오반자이 전문점. 특히 농산물은 교토의 유명 시장인 지넨토 시장에서 구입한다. 10여 종의 오반자이가 포함된 코스 요리부터, 가다랑어와 새우 튀김 정식 등 일품요리까지 다양하다.

901, Higashishiokojicho, Shimogyo-ku, Kyoto-shi
+81-75-365-8733
11:00~22:00
(런치는 15:45까지, 연중무휴)
예약 가능 신용카드 가능
k721303.gorp.jp
@kyoto__kotokoto

롯카쿠야
교토점

Rokkakuya Kyoto
六角や 京都店

신선한 오반자이는 물론 가다랑어와 고등어로 우려낸 육수와 따끈한 오뎅이 유명한 곳. 교토의 전통주와 함께하는 맛의 조화도 일품이다. 인기 메뉴는 제철 회와 오반자이 9종을 코스로 즐길 수 있는 우메코스(2,500엔).

172, Higashisakaicho, Shimogyo-ku, Kyoto-shi +81-75-354-3789 17:00~22:30 (연중무휴) 예약 가능
신용카드 가능
rokkakuya-kyoto.safarigroup.info

Kaiseki 가이세키

시조니시노토인쇼쿠도

Shijo Nishinotoin Shokudo
四条西洞院食堂

아침부터 심야까지, 서민들의 식사를 책임지는 마이도오오키니쇼쿠도 체인의 시조니시노토인 지점. 오반자이 전문점이라기보다는 백반집에 가깝다. 저렴한 가격, 다양한 반찬, 긴 영업 시간으로 여행객에게도 알맞은 곳. 회전율이 좋아 대기줄이 길더라도 금방 들어갈 수 있다.

13, Suminozacho, Nakagyo-ku, Kyoto-shi
+81-75-253-1971 7:00~다음 날 1:00
(연중무휴) 예약 불가 신용카드 불가
shokudo.jp @maidoookinishokudo

타이쇼 하나나

Taishou Hanana 鯛匠 HANANA

텐류지 맞은편에 자리한 도미 정식 전문점. 고급스러운 외관이 눈길을 끈다. 그 날의 가장 싱싱한 도미와 아라시야마 현지의 야채를 공수해 요리하는 타이차즈케(2,880엔)가 간판 메뉴. 영업 종료 시간과 상관없이 도미가 소진되면 바로 영업을 종료하기 때문에 예약을 하고 방문할 것을 추천한다.

26-1, Sagatenryuji Setogawacho, Ukyo-ku, Kyoto-shi +81-75-862-8771 11:00~17:00
(재료 소진 시까지, 비정기 휴무) 예약 가능
신용카드 가능 hanana-kyoto.com
@hanana437

하나사키 만지로

Hanasaki Manjiro
花咲 萬治郎

정통 교토 가이세키를 꽤 합리적인 가격으로 맛볼 수 있는 곳. 건물 내외부를 비롯해 그릇, 수저에 이르기까지 교토의 풍미가 가득하다. 제철 식재료만 사용하기에 매달 식단이 조금씩 바뀌며, 인기 메뉴는 미니가이세키 네네 정식(런치 4,500엔).

518, Washiocho, Higashiyama-ku, Kyoto-shi +81-75-551-2900 11:30~14:00·17:30~22:00 (비정기 휴무) 예약 가능
신용카드 가능
kyoto-manjiro.com

Tofu 두부

오쿠탄 키요미즈

Okutan Kiyomizu
奥丹 清水

1635년에 창업해 380년이 넘는 역사를 자랑하는 노포. 점내에는 600평에 달하는 정원이 있어 교토의 사계절 풍경을 만끽하며 교토 전통 두부요리인 '유도후'를 즐길 수 있다. 두부는 지하 공방에서 매일 직접 제조한다. 인기 메뉴는 오키마리 히토도리(3,300엔).

3-340, Kiyomizu, Higashiyama-ku, Kyoto-shi
+81-75-525-2051 11:00~16:30(주말 및 공휴일은 17:30까지, 목요일 휴무) 예약 가능 신용카드 불가
tofuokutan.info @okutankiyomizu

키요미즈준세이 오카베야

Kiyomizu Junsei Okabeya
清水順正 おかべ家

니넨자카, 산넨자카를 지나 기요미즈데라 문턱까지 이르면, 자체 두부 제조 공장을 보유한 두부 요리 명가 오카베야가 나타난다. 인기 메뉴는 끓인 두유의 막을 걷어서 먹는 유바 나베(2,500엔).

2-239, Kiyomizu, Higashiyama-ku, Kyoto-shi +81-75-541-7111
10:30~18:00(시기 따라 다름, 비정기 휴무) 예약 가능
신용카드 가능 okabeya.com

Sushi 스시

스시 야마자키

Sushi Yamazaki
鮨 やまざき

도쿄 에비스에서 교토로 자리를 옮긴 에도마에즈시 전문점. 2만 엔에 달하는 코스 요리 가격은 부담스럽지만, 이왕 일본을 찾았으니 이곳에서 제대로 된 스시를 즐겨보자. 간사이 지방 음식과는 조금 다른 '도쿄 스타일'의 스시를 만끽할 수 있다.

604, Tachibanacho, Nakagyo-ku, Kyoto-shi
+81-75-251-7020 일요일 12:00~14:00, 17:30~22:00(월요일 휴무), 일요일 12:00~14:00
예약 가능 신용카드 가능
@sushiyamazaki3388

이즈쥬

Izuju
いづ重

나무틀에 식초밥과 생선을 채워 네모 형태로 만드는 하코즈시로 유명한 곳. 간판 메뉴는 고등어로 만든 사바즈시(2350엔~)다. 겉의 다시마는 빼고 먹을 것. 냄새에 민감하다면 이나리즈시(810엔)도 추천한다. 야사카 신사 정문 맞은편에 있어 찾기 쉽다.

292-1, Gionmachi Kitagawa, Higashiyama-ku, Kyoto-shi
+81-75-561-0019
10:30~17:00(매진 시까지, 수·목요일 휴무)
예약 불가 신용카드 가능
gion-izuju.com
@izuju.gion

히사고즈시 가와라마치 본점

Hisagozusi Kyoto Kawaramachi
ひさご寿し 河原町本店

일반적인 니기리즈시, 하코즈시, 무시즈시 등 여러 스시를 맛볼 수 있지만 이곳의 간판 메뉴는 밥 위에 재료를 뿌려서 만드는 치라시즈시다. 인기 메뉴는 나다이치라시즈시(2,200엔). 테이크아웃 및 배달까지 가능하므로 숙소에서 먹어도 좋다.

344-3, Shioyacho, Nakagyo-ku, Kyoto-shi +81-75-221-5409
9:30~19:00(수요일 휴무) 예약 가능 신용카드 가능
hisagozusi.co.jp
@hisagozusi_kyoto

스시잔마이 교토카와라마치점

Sushizanmai
Kyotokawaramachi-ten
すしざんまい 京都河原町店

참치 한 마리를 수억 원을 주고 사서 해체쇼를 벌이는, '마구로 대왕' 기무라 기요시가 운영하는 스시 체인점. 그 명성답게 마구로(272~657엔)가 맛있는 곳으로 이름나 있다. 이벤트 메뉴, 런치 메뉴, 계절 한정 메뉴 등이 연중무휴 준비돼 있다.

291, Narayacho, Nakagyo-ku, Kyoto-shi +81-75-253-6916
11:00~22:30(연중무휴)
예약 가능 신용카드 가능
kiyomura.co.jp/store/detail/51
@sushizanmaiofficial

Rice 밥

기온 우오케야 우

Gion Uokeya U
祇をん う桶や う

하나미코지도리 남쪽에 자리한 장어덮밥 전문점. 줄을 서지 못하게 하므로 예약하고 가는 편이 좋다. 타베로그 장어 요리 100명점에 세 번이나 선정됐을 정도로 그 맛을 인정받고 있다. 인기 메뉴는 양념된 밥에 장어를 얹은 우오케(3인분부터, 11,700엔).

Uokeya U, Shijosagaru, Nishihanamikoji, Higashiyama-ku, Kyoto-shi
+81-75-551-9966
11:30~14:00·17:00~20:00 (월요일 휴무) 예약 가능
신용카드 가능
yagenbori.co.jp/shop/u

카네쇼

Kanesho
かね正

교토 기온 우체국 옆 작은 골목 안쪽에 150년의 역사를 자랑하는 카네쇼가 있다. 가격이 저렴하지 않고 대기줄도 길지만 방문할 만한 가치가 있는 곳이다. 인기 메뉴는 장어덮밥 위에 알고명을 듬뿍 얹은 킨시동(2,400엔).

2-155-2, Tokiwacho, Shijoagaru, Yamatoojidori, Higashiyama-ku, Kyoto-shi
+81-75-532-5830
11:30~14:00·17:30~21:30 (목·일요일 휴무) 예약 가능
신용카드 불가

히사고

Hisago
ひさご

1930년 창업한 노포. 고등어와 천연 다시마로 국물을 우려낸 우동도 유명하지만 히사고의 간판 메뉴는 오야코동(1060엔)이다. 부드러운 반숙 계란과 담백한 닭고기의 조화가 일품이다. 조금 심심하다면 산초가루를 솔솔 뿌려 먹어도 좋다.

484, Shimokawaracho, Higashiyama-ku, Kyoto-shi
+81-75-561-2109
11:30~19:00(월·금요일 휴무)
예약 불가
신용카드 불가
kyo-hisago.com

구리루 코다카라

Grill Kodakara
グリル 小宝

점심시간이 되면 건물을 둘러쌀 정도로 긴 대기줄이 생기는 양식 전문점. 1961년 창업했으며, 타베로그 양식 100명점에 두 번 선정된 바 있다. 18일이나 끓이는 소스의 깊은 맛을 느껴보자. 대부분의 메뉴가 훌륭하지만 인기 메뉴는 단연 오므라이스(720엔~).

Grill Kodakara, 46, Okazaki Kitagoshocho, Sakyo-ku, Kyoto-shi +81-75-771-5893
11:30~20:30(화·수요일 휴무)
예약 불가 신용카드 가능
grillkodakara.com

Tonkatsu & Tempura 돈카츠 & 텐푸라

카츠쿠라

시조히가시노토인점

Katsukura Shijo Higashinotoin
かつくら 四条東洞院店

뛰어난 품질의 돼지고기는 물론이고 바삭한 카츠쿠라 오리지널 빵가루, 적포도주에 사과와 대추를 곁들인 특제 소스까지 보통의 돈카츠와는 격을 달리한다. 한국어 메뉴판도 완비. 인기 메뉴는 왕새우카츠와 히레카츠 정식(2,320엔).

674, Bantoyacho, Nakagyo-ku, Kyoto-shi +81-75-221-4191
11:00~22:00(연중무휴) 예약 불가 신용카드 가능
katsukura.jp/shops/shijotoin
@katsukura_kyoto

규카츠교토카츠규
교토에키마에점

Gyukatsu Kyoto Katsugyu
Kyoto Ekimae
牛カツ京都勝牛 京都駅前店

얇은 튀김옷에 싸인 미디엄 레어 소고기의 붉은빛이 입맛을 돋운다. 첫 입은 와사비와 간장, 두 번째부터는 규카츠 소스, 와후카레 등 다양한 소스로 즐겨보자. 교토역과 가까워 찾기 쉬우며, 대기줄이 있어도 회전율은 빠른 편이다. 인기 메뉴는 규로스카츠 정식(1,790엔).

211, Maoyacho, Shimogyo-ku, Kyoto-shi +81-75-365-4188 11:00~21:00(비정기 휴무) 예약 불가 신용카드 가능 gyukatsu-kyotokatsugyu.com @gyukatsu_kyotokatsugyu

텐슈

天周 Tensyu

저녁에는 텐슈의 튀김요리 코스(6,900엔)만 주문할 수 있다. 점심에는 런치타임에만 판매하는 텐동 4종(붕장어·굴·대하·믹스) 중 하나를 먹을 수 있다. 그중에서도 인기 메뉴는 큼직한 아나고 3개가 들어간 아나고텐동(1,350엔).

244, Giommachi Kitagawa, Higashiyama-ku, Kyoto-shi +81-75-541-5277 11:00~14:00·17:30~21:30(연중무휴) 예약 가능 신용카드 불가 tensyu.jp

Soba & Udon 소바 & 우동

혼케오와리야 본점

Honke Owariya Honten
本家尾張屋 本店

평범한 주택가 사이에 마치 사극 촬영장 세트처럼 오래된 건물이 서 있다. 500년이 넘는 역사를 자랑하는 소바 전문점 혼케오와리야다. 최상의 국물을 위해 직접 우물을 파 히에이산 지하수를 사용하는 곳. 간판 메뉴는 5단 식기에 담겨 나와 한 단씩 취향껏 즐길 수 있는 호라이소바(2,805엔).

322, Niomontsukinukecho, Nakagyo-ku, Kyoto-shi +81-75-231-3446 11:00~15:30(연말 연시, 비정기 휴무) 예약 불가 신용카드 가능 honke-owariya.co.jp @honkeowariya

마츠바
본점

Matsuba Honten
松葉 本店

1861년 개업해 160년이 넘는 역사를 자랑하는 소바 전문점. 특히 교토의 명물인 니신(청어)소바의 원조라 불리는 곳이다. 평범한 소바에 청어 한 조각 올렸을 뿐이지만 그 맛의 조화가 놀랍다. 교토에서도 유동 인구가 가장 많은 시조대교 옆에 자리해 찾아가기 쉽다.

192, Nakanocho, Higashiyama-ku, Kyoto-shi +81-75-561-1451 10:30~21:00(수·목요일 휴무) 예약 불가 신용카드 가능
sobamatsuba.co.jp @matsuba_kitamise

신푸쿠사이칸
본점

Shinpukusaikan Honten 新福菜館 本店

간장 베이스의 츄카소바(800엔~)와 야키메시(600엔~)가 인기. 푸짐한 양으로도 이름나 있다. 겉보기만큼 짜지는 않으므로 너무 걱정하지 말자. 교토역 도보 5분 이내에 위치해 접근성이 좋다. 작은 가게이지만 회전율이 빠르므로 기다려보자.

569, Higashishiokoji Mukaihatacho, Shimogyo-ku, Kyoto-shi +81-75-371-7648
9:00~20:00(수요일 휴무) 예약 불가
신용카드 불가
shinpukusaikan.net

오카키타

Okakita 岡北

타베로그 우동 100명점에 4년 연속 선정되고, 《미쉐린 가이드 교토》 빕 구르망(Bib Gourmand) 부문에도 이름을 올린 바 있는 우동 맛집이다. 점심시간이 되면 좁은 인도가 마비될 정도로 대기줄이 길어지므로 서두르자. 인기 메뉴는 텐토지(1,680엔).

34, Okazaki Minamigoshocho, Sakyo-ku, Kyoto-shi +81-75-771-4831
11:00~17:00(화·수요일 휴무)
예약 불가 신용카드 불가
kyoto-okakita.com

Gion Lunch 기온 점심

멘쿠로도

Menkuroudo
めん蔵人

기요미즈데라로 가는 길목에 자리한 멘쿠로도. 합리적인 가격이라 관광객들에게 인기가 좋다. 인기 메뉴는 텐푸라세이로(1,606엔). 위층으로 올라가려면 1층 매장 안쪽에 있는 엘리베이터를 이용하자.

2-218-1, Kiyomizu, Higashiyama-ku, Kyoto-shi
+81-75-551-2422
11:30~17:00(연중무휴)
예약 불가 신용카드 가능

니치게츠안

Nichigetsuan
日月庵

교토의 전통 요리를 맛보고 싶지만 가격이 부담된다면 니치게츠안을 방문해보자. 교토의 신선한 재료를 사용한 정식 메뉴를 1인당 2,000~3,000엔 대로 저렴하게 즐길 수 있다. 기요미즈자카에 입구가 있어 찾기 쉽다. 인기 메뉴는 유바고젠(2,420엔), 니치게츠가이세키(3,630엔).

2-232-2, Kiyomizu, Higashiyama-ku, Kyoto-shi
+81-75-561-0077
10:30~21:00(연중무휴)
예약 가능 신용카드 가능
nichigetsuan.com

아코야차야

AKOYAJAYA
阿古屋茶屋

니넨자카 정상에 있는 츠케모노 전문점. 메뉴는 오차즈케를 무제한으로 먹을 수 있는 오차즈케바이킹(1,700엔)뿐이다. 쌀밥, 잡곡밥, 죽 등 원하는 밥에다가 츠케모노를 골라 얹고 차를 부어 먹으면 된다. 가지, 오이, 우엉 등 츠케모노의 수는 20가지가 넘는다. 식사 시간 제한이 없는 것도 장점이다.

3-343, Kiyomizu, Higashiyama-ku, Kyoto-shi
+81-75-525-1519
11:00~16:00(주말 17:00까지, 연중무휴) 예약 불가
신용카드 불가

삿포로 카니야
교토점

Sapporo Kani-ya Kyoto
札幌 かに家 京都店

삿포로의 유명 게 요리 체인인 카니야를 교토에서 만나보자. 왕게, 대게, 털게 등 장인이 엄선한 신선한 게를 즐길 수 있다. 가격이 다소 부담스럽다면 런치타임을 이용하자. 런치타임에는 대게와 새우에 야채를 곁들인 카니조스이젠(3,080엔)이 인기다.

2, Tsukimicho, Higashiyama-ku, Kyoto-shi +81-75-541-1110 5~10월 11:00~15:00·17:00~22:00, 11~4월 11:00~22:00 (연중무휴) 예약 가능 신용카드 가능
kani-ya.co.jp/kani/kyoto
@kaniya.kyoto

Arashiyama Lunch 아라시야마 점심

신토게츠

Shintogetsu
新渡月

90년 전통의 식당 신토게츠가 2016년 우동 전문점인 '자가제면 신토게스'로 새로 태어났다. 따뜻한 우동, 찬 우동, 츠케멘우동, 카레우동 등 메뉴가 굉장히 다양한 것이 특징. 인기 메뉴는 단바산비하다부타토신센야사이카레츠케우동(1,400엔).

20-40, Sagatenryuji Tsukurimichicho, Ukyo-ku, Kyoto-shi +81-75-882-9884
11:00~15:00·17:00~19:30(월~목요일은 점심만, 비정기 휴무) 예약 불가 신용카드 가능
shintogetsu.net @shintogetsu

아라시야마 키주로

Arashiyama Kijurou
嵐山 喜重郎

고요한 정원을 바라보며 와규를 즐겨보자. 한 끼 식사 비용으로 3,000~6,000엔이라면 비싼 편이지만, 그 메뉴가 교토의 와규 정식이라면 그 만한 가치가 있다. 교토의 토속 전통주와 함께라면 더 좋다. 인기 메뉴는 와규로스스테키쥬(3,630엔~).

18-27, Sagatenryuji Kitatsukurimichicho, Ukyo-ku, Kyoto-shi +81-50-5487-3279
11:00~20:00(연중무휴)
예약 가능 신용카드 가능
@arashiyama_kijurou

아라시야마 요시무라

Arashiyama Yoshimura
嵐山 よしむら

사계절 아름다운 토게츠다리를 눈앞에서 감상할 수 있는 곳. 30명 이상의 숙련된 장인이 직접 만드는 수타 소바가 유명하다. 오픈 전부터 긴 대기줄이 생기므로 여유 있게 움직여야 한다. 인기 메뉴는 소바와 텐동이 어우러진 토게츠젠(2,060엔).

3, Sagatenryuji Susukinobabacho, Ukyo-ku, Kyoto-shi +81-75-863-5700 11:00~17:00(성수기 10:30부터, 연중무휴) 예약 불가 신용카드 가능
yoshimura-gr.com/arashiyama
@yoshimura_gr

아라시야마 다이젠

Arashiyama Daizen
嵐山 大善

다른 관광지와 다소 떨어진 숨은 맛집. 제철 재료를 사용한 신선한 스시를 맛볼 수 있는 곳이다. 계절에 따라 메뉴가 달라지는데, 특히 겨울에는 재료를 뿌리고 쪄서 따뜻하게 먹는 무시스시(2,000엔)가 유명하다.

Arashiyama Daizen, 10-3, Saga Isenokamicho, Ukyo-ku Kyoto-shi +81-75-882-0018 12:00~20:30(화요일 휴무) 예약 가능 신용카드 가능 arashiyama-daizen.com
@arashiyama_daizen

Nearby Ginkaku-ji & Kinkaku-ji 긴카쿠지 & 킨카쿠지 근처

오멘

긴카쿠지본점

Omen Ginkakuji Honten
おめん 銀閣寺本店

1967년 개업한 우동 명가. 입구부터 의자까지 교토의 느낌이 물씬 풍긴다. 자체 제면소에서 만드는 쫄깃한 면, 홋카이도산 다시마와 가다랑어의 시원한 국물, 그리고 함께 제공되는 계절 야채 8종의 조화가 좋다. 인기 메뉴는 츠케멘우동(1,280엔).

74, Jodoji Ishibashicho, Sakyo-ku, Kyoto-shi +81-75-771-8994 11:00~21:00(비정기 휴무) 예약 가능 신용카드 가능 @omenkyoto

후카

Fuka
楓花

긴카쿠지와 철학의 길에서 살짝 떨어진, 조용한 민가 사이에 지리한 후카. 가게 안에서 보이는 창밖 풍경이 고즈넉하다. 두툼한 고기와 부드러운 계란의 맛이 일품인 오므라이스가 유명하며, 인기 메뉴는 후와토로오므라이스(1,300엔).

48, Ginkakujicho, Sakyo-ku, Kyoto-shi +81-75-771-5538 11:30~15:00(화요일 휴무) 예약 가능 신용카드 불가 @fu_ka.ginkakuji

킨카쿠지 이타다키

Kinkakuji Itadaki
金閣寺 いただき

킨카쿠지 입구에서 가까운 양식 레스토랑. 합리적인 가격의 다양한 런치 메뉴가 있어 가족과 함께 찾기 좋다. 넉넉한 양의 고기 외에도 교토의 신선한 야채와 수제 드레싱이 돋보인다. 인기 메뉴는 양식 모듬 세트(1,680엔).

30-5, Kinugasa Babacho, Kita-ku, Kyoto-shi +81-75-465-9102 11:30~16:00·17:30~21:00(월요일, 넷째 화요일 휴무) 예약 가능
신용카드 가능
kinkakuzi-itadaki.owst.jp
@kinkakuji_itadaki

시쿠라

Shikura
紫蔵

기본 돈코츠라멘(900엔~)에 국물의 농도, 토핑, 밥 양 등을 선택해서 먹을 수 있는 라멘 전문점. 살살 녹을 정도로 부드러운 차슈가 인기다. 킨카쿠지나 히라노 신사를 방문했다면 꼭 들러보자. 워낙 유명해 언제 가더라도 대기줄이 길지만 기다릴 가치가 충분하다.

14, Hirano Miyakitacho, Kita-ku, Kyoto-shi +81-75-462-3737 11:00~15:00·18:00~22:00(수요일 휴무) 예약 불가
신용카드 불가
@shikura_kyoto

Cafe 카페

위켄더스 커피 로스터리

WEEKENDERS COFFEE ROASTERY
ウィークエンダーズコーヒーロースタリー

일본 전통 가옥 외관이 돋보이는 카페. 복도를 지나 나타나는 고요한 일본식 정원을 거닐며 위켄더스 커피를 음미해보자. 단맛과 신맛이 조화롭고 입체감이 느껴지는 맛이 특징이다. 인기 메뉴는 도릿푸코히(490엔).

682-7, Ishihudonocho, Shimogyo-ku, Kyoto-shi +81-75-748-1080 10:00~17:00 (평일 휴무) 예약 불가 신용카드 불가 weekenderscoffee.com @weekenders_coffee

로스터리 도터 앤 갤러리 선

Roastery DAUGHTER & Gallery SON
ロースタリー ドーター & ギャラリー サン

2018년 오픈한, 와이프 앤 허즈번드의 2호점. 1호점과 달리 교토역과 가까운 중심가라 방문하기 좋다. 이름 그대로 1층에서는 원두를 판매하고, 2층 앤틱 갤러리에서는 빈티지 식기, 조명, 커피 관련 제품 등을 판매한다. 인기 상품은 DAUGHTER 원두(200g 1650엔).

22, Kamayacho, Shimogyo-ku, Kyoto-shi +81-75-203-2767 12:00~18:30(비정기 휴무) 예약 불가 신용카드 불가 wifeandhusband.jp/wife-husband

스마토코히텐

Smartcoffee
スマート珈琲店

1932년 창업한 노포답게 내부 인테리어가 고풍스럽다. 오랜 기간 교토 시민들의 브런치로 사랑받은 오리지널 블렌드 커피(600엔)와 프렌치토스트(750엔)를 즐겨보자. 런치타임에는 고로케나 햄버거 스테이크, 커틀릿 등 다양한 메뉴 중 두 가지를 골라 먹는 스마트런치(1,300엔)가 인기다.

537, Tenshojimaecho, Nakagyo-ku, Kyoto-shi
+81-75-231-6547 8:00~19:00(비정기 휴무)
*런치타임 11:00~14:30(화요일 휴무)
예약 불가 신용카드 가능
smartcoffee.jp
@smartcoffee_kyoto

스타벅스 커피 산조 오하시점

STARBUCKS
スターバックス 三条大橋店

가모가와강을 바라보며 커피를 즐길 수 있는 특별한 스타벅스 지점이다. 지상 1층과 지하 층으로 이루어져 있으며 지하 창가 좌석에서도 강을 볼 수 있다. 5~9월은 테라스석을 개방하여 시원한 바람과 물소리를 들을 수 있다. 교토 한정 에디션 굿즈를 구입할 수도 있다.

113 Nakajimacho, Nakagyo-ku, Kyoto-shi
+81-75-213-2326 8:00~23:00 예약 불가
신용카드 가능 store.starbucks.co.jp
@starbucks_j

쿠라수 교토 스탠드

Kurasu Kyoto Stand
クラス京都スタンド

교토역 도보 5분 거리, 교토 여행의 시작과 끝을 쿠라수 커피와 함께해보자. 여행객 외에 현지인들도 많이 찾는 곳이다. 깊고 진한 맛에서 달콤한 맛까지 다양한 메뉴가 있다. 바리스타 모두 해외 경력이 있어 영어로 소통도 원활하다.

552, Higashiaburanokojicho, Shimogyo-ku, Kyoto-shi +81-75-744-0804 12:00~18:00 (주말 및 공휴일 8:00부터, 수요일 휴무) 예약 불가 신용카드 가능 jp.kurasu.kyoto/pages/kurasu-kyoto @kurasujp

이노다코히 본점

Inoda Coffee Honten
イノダコーヒ 本店

80년이 넘는 역사를 자랑하는 커피 명가. 고풍스러운 분위기의 노포이지만 내부는 200석이 넘을 정도로 넓다. 융드립으로 제조하기 때문에 일반 커피보다 맛이 진하고 향은 풍부하다. 브런치로 인기가 높은 교토의 아침(1,680엔)을 비롯해, 빵과 케이크 등 다양한 메뉴를 즐겨보자.

140, Doyucho, Nakagyo-ku, Kyoto-shi +81-75-221-0507
7:00~18:00(연중무휴)
예약 불가 신용카드 가능
inoda-coffee.co.jp
@inodacoffee_kyoto_official

후란소아

FRANCOIS
フランソア

1934년 창업 당시의 인테리어를 그대로 유지해 유형 문화재로 등록된 카페. 실내에 들어서면 돔형 지붕과 앤틱 의자, 스테인드글라스 등이 눈길을 끈다. 인기 메뉴는 후렛슈크림·블랙커피(700엔)와 오늘의 케이크(700엔).

184, Sendocho, Shimogyo-ku, Kyoto-shi +81-75-351-4042 10:00~22:00(12월 31일~1월 2일 휴무) 예약 불가 신용카드 불가 francois1934.com @francois1934kyoto

%아라비카 교토 히가시야마점

%ARABICA Kyoto Higashiyama
アラビカ 京都東山

니넨자카 근처에 아라비카 교토 히가시야마점이 있다. 아라비카 히가시야마점은 매장이 크지 않지만 교토의 유명 커피 브랜드인 만큼 늘 사람들로 붐빈다. 무엇을 마실지 고민이라면 대표 메뉴인 카페 라떼를 즐겨보자. 머그컵, 텀블러, 우산 등 아라비카 커피의 % 로고가 그려진 다양한 굿즈도 구입할 수 있다.

87-5 Hoshinocho, Higashiyama-ku, Kyoto-shi +81-75-746-3669 9:00~18:00 예약 불가 신용카드 가능 www.arabica.coffee @arabica.journal

Dessert 디저트

이치카와야코히

Ichikawaya Coffee 市川屋珈琲

200년이 넘은 도예 공방을 리모델링해 2015년 개업한 이치카와야코히. 타베로그 카페 100명점에 선정됐을 정도로 맛을 인정받고 있다. 융드립으로 제조해 진한 향을 품은 블렌드 커피(500엔)와 계절 과일 샌드위치(1,180엔)가 인기 메뉴.

396-2, Kaneicho, Higashiyama-ku, Kyoto-shi +81-75-748-1354 11:00~17:00(주말 및 공휴일은 9:00부터, 화요일 및 둘째 넷째 수요일 휴무) 예약 불가 신용카드 가능
ichikawaya.thebase.in
@ichikawayacoffee

쿠모노차

키요미즈산넨자카점

KUMONOCHACAFE KIYOMIZU SANNEZAKA
雲ノ茶 清水三年坂店

기요미즈데라로 가는 길목인 산넨자카, 그곳에 자리 잡은 쿠모노차는 먹기 아까울 정도로 깜찍한 케이크와 예쁜 컵, 플레이트 등으로 유명하다. 인테리어도 일본의 전통적인 미를 살리면서 모던한 느낌. 그야말로 인증 숏의 천국이라 할 수 있다. 인기 메뉴는 쿠모노세트(1,280엔).

3-317, Kiyomizu, Higashiyama-ku, Kyoto-shi
+81-75-551-5570
10:00~18:00(연중무휴)
예약 불가 신용카드 가능
kumonocha.com
@kumonocha_kyoto

이쿠스카페

기온신바시점

eXcafe Gion Shinbasi

イクスカフェ 祇園新橋店

기온 시라카와 강변의 전통 목조 가옥 사이에 자리한 이쿠스카페. 안으로 들어서면 관광객으로 북적이는 기온 거리와 차단되어 고요한 느낌마저 든다. 인기 메뉴는 직접 당고를 구워 소스를 발라 먹는 호쿠호쿠 오당고 세트(1,540엔).

57-1, Motoyoshicho, Higashiyama-ku, Kyoto-shi +81-75-533-6161 8:00~18:00(연중무휴)
예약 불가 신용카드 가능
@excafe_official

깃쇼카료 기온

본점

KISSHOKARYO Gion Honten

吉祥菓寮 祇園本店

야사카 신사나 지온인을 구경했다면 이곳에 곡 들러보자. 교토의 고민가를 리모델링한 곳이며 파르페, 디저트 전문점이다. 엄선한 대두로 만든 콩가루를 뿌린 코가시키나코파르페(1,350엔)가 간판 메뉴. 이 외에도 모찌, 밀푀유, 시폰 케이크 등 다양한 디저트가 있다.

306, Ishibashicho, Higashiyama-ku, Kyoto-shi
+81-75-708-5608 11:00~18:00(1월 1일 휴무)
예약 불가 신용카드 가능
kisshokaryo.jp/shop/gion @kisshokaryo

Bookstore 서점

케이분샤
이치조지점

Keibunsha Ichijoji
惠文社一乗寺店

이치조지 일대를 상징하는 장소이자, 일본에서 가장 아름다운 서점이라고 해도 과언이 아닌 케이분샤 이치조지점. 마치 동화 속에 나오는 서점처럼 예스럽고 차분하다. 진열대에 늘어선 책도 하나같이 예뻐서 소장 욕구가 샘솟는다. 갤러리와 이벤트홀까지 갖추고 있으니 구석구석 찬찬히 둘러보자.

10, Ichijoji Haraitonocho, Sakyo-ku, Kyoto-shi +81-75-711-5919 11:00~19:00(1월 1일 휴무) 예약 불가 신용카드 가능 keibunsha-books.com @keibunsha_books

교토오카자키 츠타야쇼텐

Kyoto Okazaki
Tsutayabooks
京都岡崎 蔦屋書店

서점으로 유명한 스타야쇼텐이지만 이곳에는 책 외에도 잡화점, 스타벅스, 레스토랑, 이벤트 공간까지 다양한 시설이 입점해 있어 복합문화 공간이라 할 수 있다. 차분한 분위기에서 커피와 책을 함께 즐겨보자. 헤이안진구와 가까워 찾기도 쉽다.

13, Okazaki Saishojicho, Sakyo-ku, Kyoto-shi +81-75-754-0008 8:00~22:00 (연중무휴) 예약 불가 신용카드 가능 store.tsite.jp/kyoto-okazaki @kyoto.okazaki_tsutayabooks

호호호자
조도지점

Hohohoza Jodoji
ホホホ座 浄土寺店

철학의 길 산책을 마쳤다면 호호호자 조도지점을 방문해보자. 독특한 이름의 이 서점에서는 생활, 디자인, 예술, 잡화 관련 서적을 만나볼 수 있다. 2층에서는 중고책을 판매한다. 독서나 책 수집을 좋아한다면 보물창고 같은 곳이다.

Hohohoza, 71, Jodoji Bambacho, Sakyo-ku, Kyoto-shi +81-75-741-6501 11:00~19:00(연중무휴) 예약 불가 신용카드 가능 hohohozazaza.stores.jp @hohohozajoudoji

로옴 시어터 교토

ROHM Theatre Kyoto
ロームシアター京都

로옴 시어터 교토는 대규모 공연장과 소극장 등이 있는 공연예술 공간이자 서점, 카페, 레스토랑까지 갖춘 문화시설이다. 특히 3층에는 츠타야쇼텐이 프로듀스한 문화예술 갤러리인 'BOOK & ART GALLERIA'가 자리해 있다.

13, Okazaki Saishojicho, Sakyo-ku, Kyoto-shi
+81-75-771-6051
10:00~17:00(연중무휴)
예약 불가 신용카드 가능
rohmtheatrekyoto.jp
@rohmtheatrekyoto

Shop 숍

70B 앤티크

70B ANTIQUES
70B アンティークス

높은 역사적 가치를 지닌 근대 건물이 즐비한 신조도리 한편에 유럽풍 앤티크숍 70B 앤티크가 있다. 지하로 내려가면 영국, 프랑스, 미국 등에서 가져온 수많은 골동품이 기다리고 있다. 워낙 양이 많아 슬쩍만 둘러보기에도 시간이 모자랄 지경. 상태도 가격도 제각각이지만 70B의 안목을 믿고 쇼핑을 즐겨보자.

53-1, Masuyacho, Nakagyo-ku, Kyoto-shi
+81-75-254-8466 11:00~20:00(비정기 휴무)
예약 불가 신용카드 가능
seventy-b-antiques.com/shop @70b_inc

디 앤드 디파트먼트 교토

D&Department Kyoto
ディーアンドデパートメント京都

800년이 넘는 역사를 가진 붓코지의 경내에 자리한 디 앤드 디파트먼트 교토. 원래 사찰 창고였던 건물을 리모델링했다고 한다. 교토의 공예품, 특산품 등을 판매하고 있으며 교토의 식재료를 사용한 식당도 함께 운영하고 있다.

397, Shinkaicho, Shimogyo-ku, Kyoto-shi
+81-75-343-3217 11:00~18:00(수요일 휴무)
예약 가능 신용카드 가능
d-department.com/ext/shop/kyoto.html
@d_d_kyoto

라이카
교토점

Leica Store Kyoto
ライカ 京都店

세계적인 카메라 브랜드 라이카를 기온 하나미코지에서 만나보자. 100년이 넘은 고택의 구조를 그대로 살린 일본식 인테리어와 세련된 갤러리가 잘 어울린다. 기본 라이카 카메라와 렌즈 외에, 교토 오리지널 액세서리도 있으니 라이카 마니아라면 꼭 방문해보자.

Leica, 570-120, Gionmachi Minamigawa, Higashiyama-ku, Kyoto-shi +81-75-532-0320 11:00~19:00(월요일 휴무) 예약 불가 신용카드 가능 @leica_store_kyoto

미나토야 유레이코소다테아메혼포

Minatoya Yurei Kosodateame Honpo
みなとや 幽霊子育飴本舗

450년의 역사를 지닌, 일본 전국에서도 손꼽힐 정도로 오래된 사탕 가게. 자신이 죽은 뒤 태어난 아이를 위해 밤마다 사탕을 사러 온 유령의 슬픈 일화가 전해지는 곳이다. 간판 상품은 유레이코소다테아메(170g 500엔).

80-1, Rokurocho, Matsubaracho2, Higashiyama-ku, Kyoto-shi +81-75-532-0320 11:00~19:00 (월요일 휴무) 예약 불가 신용카드 가능 kosodateame.com/ame

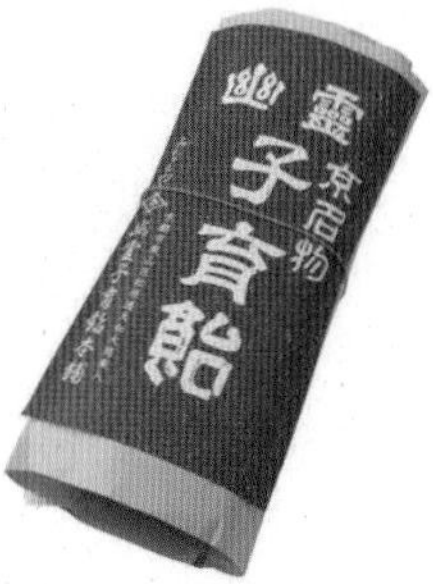

Stay

교토의 숙소

전통을 간직한 료칸

교토 다카세가와벳테

Kyoto Takasegawa Bettei

교토 중심부 다카세가와에 위치하며 교마치야 운치를 간직한 료칸. 골목 안쪽에 있어 조용하게 휴식을 취할 수 있다. 교토 전통 공예품을 만날 수 있으며 전 객실에 편백 욕조가 있다.

196, Juzenjicho, Shimogyo-ku, Kyoto-shi
kyoto-takasegawabettei.com

교야도 우사기

Kyoyado Usagi

니조성 옆에 위치, 교마치야 스위트를 콘셉트로 100년 된 교마치야를 리모델링했다. 스위트룸은 6개 타입으로 교마치야 기본, 복층, 안뜰이 있는 스타일 등이 있으며 객실이 넓은 편이다.

1, Nishinokyo Hokuseicho, Nakagyo-ku, Kyoto-shi
usagi-yado.com

교코야도 야사카 유토네

Yasaka-Yutone Serving Kyoto Cuisine Ryokan

야사카의 탑 근처에 위치한 료칸으로 객실, 요리, 서비스 모든 면에서 호평을 받고 있다. 편백 욕조 완비, 마치야 특징의 긴 객실 등 타입이 다양하다. 두부, 유바, 생 밀기울 등 교토의 식재료를 사용한 가이세키 요리를 선보인다.

413 Minamimachi, Higashiyama-ku, Kyoto-shi
www.kyokoyado.com

세이코로

Seikoro Ryokan

'맑은 가모가와강변에 세워진 누각'이란 뜻. 200년의 역사를 가진 료칸이다. 객실에서 계절에 따라 벚꽃, 단풍, 진달래를 감상할 수 있다. 궁중복 의상 체험도 가능하다.

467-2, Nishitachibanacho, Higashiyama-ku, Kyoto-shi
www.seikoro.com

교토 난젠지 야치요

Kyoto Nanzenji Ryokan Yachiyo

시내 중심부에 위치한 것을 잊을 만큼 조용하고 고즈넉한 료칸. 원래 요리집이었던 곳으로 교토 제철 식재료로 선보이는 요리가 유명하다. 채식자를 위한 가이세키도 제공된다. 근대 일본 정원의 선구자인 오가와 지헤가 만든 정원이 있다.

34, Nanzenji Garden Ryokan Yachiyo, Sakyo-ku, Kyoto-shi
ryokan-yachiyo.com

소와카

Luxury Hotel SOWAKA

100년 역사의 스키야즈쿠리 건축물을 리모델링한 료칸. 전용 정원이 있는 객실, 복층 타입 객실 등이 현대식으로 꾸며져 있다. 전통을 재해석한 음식을 선보이는 레스토랑, 교토 명장이 만든 다다미가 깔린 바 카운터, 일본산 위스키와 소주 등 형식에 구애받지 않는 일본 미의식을 느낄 수 있다.

480 Kiyoicho, Higashiyama-ku, Kyoto-shi
sowaka.com

가미시치켄 오쿠

Kamishichiken Oku

킨카쿠지, 기타노텐만구와 도보로 이동 가능한 거리에 있다. 객실 모두 스위트룸으로 모던한 스타일, 교마치야 스타일, 찻집 스타일 등 타입이 다양하다. 교토의 명수를 사용해 만든 두부 요리가 포함된 가이세키도 즐길 수 있다.

712 Shinseicho, Kamigyo-ku, Kyoto-shi
www.oku-kamishichiken.jp

노천탕이 있는 교토 숙소

쇼엔소 호즈가와테

Shoenso Hozugawatei

교토 중심부에서 전철로 약 30분만 이동해도 조용한 산간에 둘러싸인 가메오카·유노하나 온천에 도착한다. '일본의 인기 료칸 250선'에서는 별 다섯 개를 획득했고, '프로가 선택한 료칸 100선'에도 선정된 명 료칸. 가족이나 커플끼리 프라이빗한 시간을 보내고 싶다면 전세 욕탕을 추천한다.

1-4, Hiedanocho Ashinoyama, Kameoka, Kyoto-shi
www.syoenso.com

나즈나 교토 니조조

Nazuna Kyoto Nijo-jo

110년 이상 된 마치야(상점가에 늘어선 가게와 주택이 일체화한 건물)들이 늘어서 있던 약 1400㎡의 L자 모양 골목 전체를 하나의 숙소로 개조한 곳. 교토 중심지에 위치해 관광 접근성이 좋고, 한적한 골목에 자리 잡고 있다. 오리지널 찻잎을 띄운 '차 욕탕'은 미백, 피부 미용 효과가 있다고 전해져 여성들에게 인기가 좋다.

580 Kusuriyacho, Nakagyo-ku, Kyoto-shi
www.nazuna.co/ja/property/nazuna-kyoto-nijojo

리베르테 교토 가모가와

Riverte Kyoto Kamogawa

교토고쇼 근처의 가모가와강변에 있으며 객실이 단 8개뿐인 프라이빗 호텔. 거리의 시끌벅적함에서 떨어진 곳이기에, 교토의 선명한 사계절의 변화를 느낄 수 있는 것이 매력이다. 활짝 열린 창문 너머로 아름다운 가모가와가 흘러가는 모습, 시모가모 신사의 깊은 숲, 이른 아침 보라색으로 안개 낀 산들의 경치를 즐길 수 있다.

202 Seiryucho, Kamigyo-ku, Kyoto-shi
rivertekyoto.com/ja-jp

소라니와 테라스 별저 가모가와

Soraniwa Terrace Bettei Kamogawa

시조카와라마치역에서 도보 1분이라는 좋은 입지에 1,100m의 원천을 발굴하여 시조카와라마치 온천으로 탄생한 것이 '소라니와 테라스 별저 가모가와'이다. 교토 제일의 번화가인 시조카와라마치라고 생각되지 않을 정도로 고요한 분위기의 기분 좋은 공간. 객실 노천탕 외에도 최상층에 2개의 대욕탕이 있다. 수심 1m 20cm의 깊은 탕에 서서 온천을 즐길 수도 있다.

324, Inaricho, Shimogyo-ku, Kyoto-shi
soraniwa-hotel.jp

호텔 칸라 교토

Hotel Kanra Kyoto

교토에서 배양된 전통 기술과 기법으로 나무, 돌, 철, 흙 등의 자연 소재를 활용해 공간을 꾸민 호텔이다. 간소하면서도 한적함을 느낄 수 있는 곳으로, 교토의 전통 주택 형식인 교마치야 방식을 사용하였다. 모던한 디자인으로 표현한 전 객실에 향기로운 노송나무 욕조가 설치되어 있다. 노천탕은 주니어 스위트와 스위트에만 있는데, 둘 다 80㎡이 넘어갈 정도로 공간이 여유롭다. 또한, 별저 1층의 'kanra spa'에서는 일본 전통의 원재료와 식물을 사용한 트리트먼트를 받을 수도 있다.

190, Kitamachi, Shimogyo-ku, Kyoto-shi
www.uds-hotels.com/kanra/kyoto/

아라시야마 추천 숙소

호텔 아라시야마
Hotel Arashiyama

토게츠 다리가 한눈에 보이는 호텔로 한큐 아라시야마역과는 5분, 치쿠린과는 15분 정도 떨어져 있다. 저녁 식사를 희망한다면 교토 전통 음식점인 '하리세'의 요리를 예약하여 배달받을 수 있다.

1-3 Arashiyama Kamikawaracho, Nishikyo-ku, Kyoto-shi bha.jp

호텔 비나리오 사가아라시야마
Hotel Binario Saga Arashiyam

JR 사가아라시야마역과 토롯코사가역 바로 근처에 있다. 레스토랑과 카페를 운영하며, 대욕탕도 갖추고 있다. 호텔 내 북카페 'Tutti'는 서점과 컬래보레이션하여 센스 넘치는 일본 잡화와 책을 갖추고 있다.

3-4, Sagatenryuji Hiromichicho, Ukyo-ku,
hotel-binario.jp/arashiyama/

모미지 교토 아라시야마
Nagi Kyoto Arashiyama

JR 사가아라시야마역에서 도보 3분, 치쿠린과는 10분 정도 떨어져 있다. 운치 있는 정원, 일본풍 모던함이 가득한 객실에서 휴식을 취할 수 있으며 근처에 카페와 레스토랑이 많다.

17-4 Sagatenryuji Wakamiyacho, Ukyo-ku, Kyoto-shi
www.nagikyotoarashiyama.jp

야도 아라시야마
YADO Arashiyama

치쿠린에서 도보 15분 거리에 위치한 호텔로 맛있는 조식으로도 유명하다. 모던 예술 작품이 장식되어 있어 전통과 현대의 조화를 느낄 수 있다. 제철의 신선한 재료로 만든 조식 또한 훌륭하다.

45 Arashiyama Nakaoshitacho, Nishikyo-ku, Kyoto-shi
yado.kyoto.jp

스이란 럭셔리 컬렉션 호텔 교토
Suiran, a Luxury Collection Hotel

아름다운 일본 정원이 함께 있는 조용하고 차분한 분위기의 고급 호텔. 숙박 중 인력거로 주변을 둘러볼 수 있다. 스위트룸 4실을 포함한 객실 17실에는 전용 노천탕이 있다. 프랑스 요리가 어우러진 가이세키, 애프터눈 티 등을 즐길 수 있다.

Sagatenryuji Susukinobabacho, Ukyo-ku, Kyoto-shi
www.marriott.com/en-us/hotels/ukylc-suiran-a-luxury-collection-hotel-kyoto/

무니 교토
MUNI KYOTO

아라시야마의 중심부로 관광 명소로의 접근성이 좋다. 조식과 저녁으로는 교토의 식재료로 만든 세련된 프렌치 요리를 즐길 수 있다.

3 Sagatenryuji Susukinobabacho, Ukyo-ku, Kyoto-shi
muni-kyoto.com

더 그랜드웨스트 아라시야마
The GrandWest Arashiyama

한큐 아라시야마역에서 도보 5분, 토게츠 다리까지 도보로 10분 거리다. 이곳 역시 일본 특유의 모던한 분위기를 갖추었으며, 편안함을 모티브로 한 총 10개의 객실 모두 스위트룸이다.

48-32, Arashiyama Kamikaidocho, Nishikyo-ku, Kyoto-shi
www.grandwest.kyoto

교토 아라시야마 온천 가덴쇼
Kyoto Arashiyama Onsen Kadensho

온천 시설을 갖춘 곳으로 '교마치야', '교토식 일본풍', '교토식 모던' 3가지 타입이 있다. 조식으로 오반자이, 저녁은 가이세키와 오반자이, 바삭바삭한 튀김 뷔페 등을 레스토랑에서 맛볼 수 있다. 예약제로 운영되는 전세 욕탕도 5개 운영 중이다.

5-4, Arashiyama Nishiichikawacho, Nishikyo-ku,

Kyoto-shi
www.hotespa.net/hotels/kadensho

료테이 란게츠
Ryotei Rangetsu

아라시야마 강변에 위치, 토게츠 다리가 한눈에 보이는 곳으로 한큐 아라시야마와 사가아라시야마역에서 도보로 10분 거리다. 대욕탕과 노천탕이 있으며 객실에서 조식과 석식 서비스를 받을 수 있다.

Ryotei Rangetsu, 7, Sagatenryuji Susukinobabacho, Ukyo-ku, Kyoto-shi
www.rangetsu.jp

인기 추천 숙소

교토 호텔 오쿠라
Hotel Okura Kyoto

가모가와강 바로 옆에 위치하며 하나미코지도리와 야사카 신사, 니시키시장 등 교토 시내의 주요 여행지와 가깝다. 교토역에서 무료 셔틀버스를 운영한다. 호텔 객실까지 짐 이동(유료) 서비스가 가능하다.

Kawaramachi Oike, Nakagyo-ku, Kyoto-shi
www.hotel.kyoto/okura/

크로스 호텔
Cross Hotel Kyoto

가모가와강 근처에 위치해 산책을 즐기기에 좋다. 깔끔한 객실, 좋은 위치, 다양한 조식, 무료 차 제공 등 뛰어난 서비스와 가성비를 자랑한다.

71-1, Daikokucho, Nakagyo-ku, Kyoto-shi
www.crosshotel.com/kyoto/

에이스 호텔
Ace Hotel Kyoto

세계적인 브랜드 에이스 호텔이 아시아에서 유일하게 오픈한 곳으로 옛 교토 전화국 건물에 들어섰다. 넓고 감각적인 객실, 복합 문화 공간인 신푸칸과 연결되어 외국인 여행자들이 많다. 무료로 자전거를 대여할 수 있고 지도도 제공해준다.

245-1, Kurumayacho, Nakagyo-ku, Kyoto-shi
www.acehotel.com/kyoto/

유노야도 쇼에이
Yunoyado Shoei

JR 우메코지교토니시역에서 도보 7분 거리다. 근처에 우메코지 공원, 교토수족관, 교토철도박물관이 있다. 객실이 정갈하고 욕탕 시설도 깔끔하며, 노천탕도 있다. 조식과 석식 구성이 다양하여 가족 단위 여행자들에게 인기가 좋다.

128, Nishishinyashikikaminocho, Shimogyo-ku, Kyoto-shi
www.yunoyadosyouei.jp

사쿠라 테라스 더 갤러리
Sakura Terrace The Gallery

교토역 남쪽으로 도보 4분 거리에 위치하여 매우 편리하다. 건물 두 동으로 이루어졌으며 대욕탕과 사우나가 있어 여행의 피로를 풀기에도 좋다. 트렌디한 인테리어 덕분에 SNS에서 큰 인기를 얻고 있는 곳. 웰컴 드링크를 제공한다.

39, Kamitonodacho, Higashikujo, Minami-ku, Kyoto-shi
sakuraterrace-gallery.jp

더 사우전드 교토
The Thousand Kyoto

센트럴 교토에 위치, 교토 타워까지 도보로 5분 거리다. 호텔 입구부터 로비까지 일본풍의 모던함이 느껴지며 탁 트인 공간이 인상적이다. 조식은 양식과 일식 중 선택할 수 있다. 일본의 다도 문화를 경험할 수 있는 카페 겸 바가 있다.

570, Higashishiokojicho, Shimogyo-ku, Kyoto-shi
www.keihanhotels-resorts.co.jp/the-thousand-kyoto/

리가 로열 호텔 교토

RIHGA Royal Hotel Kyoto

교토역에서 7분 거리로 아침 7시 30분부터 오후 9시까지 무료 셔틀을 운영한다. 수영장이 있으며 객실이 넓어 가족 여행자들이 머물기에 좋다. 고층은 뷰가 좋으며 조식은 뷔페와 일식 중 선택할 수 있다.

1, Taimatsucho, Shimogyo-ku, Kyoto-shi
www.rihga.co.jp/kyoto

호텔 그랑비아 교토

Hotel Granvia Kyoto

JR 교토역 중앙 출입구에서 에스컬레이터로 연결되어 있다. 오사카는 물론 아라시야마, 우지, 나라 등으로 이동 시 편리하다. 조식 구성이 좋아 든든하게 아침 식사를 즐기기에도 좋다. 15층 그랑비아 라운지에서는 셀프 서비스 음료 스테이션을 이용할 수 있다.

JR Kyoto Station Central Gate, Shiokojisagaru, Karasumadori, Shimogyo-ku, Kyoto-shi
www.granvia-kyoto.co.jp

호텔 더 셀레스틴 교토 기온

Hotel The Celestine Kyoto Gion

기온의 한적한 주택가에 위치해 가와라마치, 야사카 신사, 기요미즈데라까지 교토의 주요 명소를 여행하기에 좋다. 객실이 넓은 편이며 대욕장, 스낵과 커피를 즐길 수 있는 게스트라운지를 이용할 수 있다. 교토역까지 무료 셔틀을 운행한다.

572-2, Komatsucho, Higashiyama-ku, Kyoto-shi
www.celestinehotels.jp/kyoto-gion/

西陣織
岡本織物店
茶わん坂
美器
B·I·K·I
朝日

st House
30
Rental
89-99

Editor's Letter

교토로 가는 길은 멀다. 일본 서부 지방의 관문인 간사이 국제공항에서 하루카 특급열차를 타야 1시간 반, 버스로는 2시간 가까이 걸리는 거리다. 연간 5,000만 명 이상이 방문하는 세계 최고의 관광도시이지만 '어찌 교토 상공에 비행기의 매연을 뿌릴 수 있느냐'란 교토 시민들의 반대로 공항 건설이 힘들었단다. 요즘도 이곳 사람들은 교토 사람이라는 것, 아니 교토 출신이란 사실만으로도 자부심이 대단하다. 지금이야 도쿄가 일본의 수도지만 794년 헤이안시대 이후 메이지시대 초기인 1869년까지 무려 1075년간 수도였던 곳이 바로 교토다. 그러니 그 자존심이 오죽하랴. 여전히 교토벤(교토 사투리)을 고수하고 그걸 써야 우아하다고 생각하며, 속내를 드러내지 않는 교토식 완곡 화법은 같은 일본 사람들도 혀를 내두를 정도라고.
교토 내 교통도 마냥 편하진 않다. 기요미즈데라처럼 유명한 관광지도 꽤 걸어가야 하니까. 오죽하면 교토에서는 하루에 3만 보가 기본이란 이야기도 있다. 워낙에 유적지가 많다 보니 도로 공사를 제대로 할 수 없어 흔한 도시 순환도로도 없다. 하지만 그 덕분에 교토는 공간 속에 과거가 고스란히 살아 숨 쉰다. 다른 도시는 한 개도 갖기 힘든 유네스코 세계문화유산이 20개에 달하고, 도시 자체가 유적인 곳. 한 번의 여행으로는 유적을 다 둘러보기 힘든 곳이 교토다.
교토에 유적만 있는 건 아니다. 고루하고 보수적인 도시 같지만 비디오 게임 회사 '닌텐도'가 바로 이곳 교토에서 시작되었다. 일본 굴지의 전자 회사인 '교세라'도 교토가 모태다. 또한 교토에는 노벨상 수상자를 여러 명 배출한 굴지의 대학 교토공대가 있다. 교토세이카대학은 일본 최초로 만화학과를 만들어 지금도 수많은 애니메이터를 배출하고 있다. 또 교토 출신 아이돌도 무척 많다고. 이는 '모노즈쿠리(ものづくり)'라고 불리는 일본 장인 정신의 본고장이 바로 교토이기 때문이란다.
그래서 교토 여행은 재미있다. 역사가 깊고 유적이 많은 도시, 이것이 전 세계에서 수많은 관광객이 찾아오는 이유의 전부는 아니다. 21세기에도 살아 숨 쉬는 과거를 만날 수 있고, 가장 최첨단의 일본을 만날 수 있는 곳. 교토 여행을 하고 나서야 비로소 일본다운 일본을 만났다고 말할 수 있을 것이다.

우쓰라(김경우)

김혜림 Kiime.rim
_ writer & photographer
오사카에 살면서 일본 곳곳을 여행하는 여행가 겸 스냅 사진가다. 일본에 정착한 뒤 처음 찾았던 교토는 2012년이나 지금이나 변함없이 예쁘고 깨끗한 도시다. 뻔한 것 같으면서도 카페 하나, 우동집 하나에도 단정함이 묻어나는 곳, 교토. 이게 바로 '교토다움'이 아닐까.
@kiime.rim

김준영 Junyoung Kim
_ writer & publisher
여행 에디터이자 여행서 출판사 두사람을 운영한다. 일본 전국 기차 여행 때 처음 방문한 교토의 매력에 빠져 틈만 나면 그곳을 찾는다. 교토라는 이름 말고 교토를 대신할 수 있는 단어는 없다고 생각한다. 언제, 어떤 마음으로 다시 찾아도 좋은 곳. 그리 멀지 않은 곳에 교토라는 여행지가 있어 다행스럽고 행복할 뿐이다.
@junyoungkim1810

김봉섭 Bongsub Kim
_writer & photographer
도시의 삶과 거리의 모습을 카메라에 담아내는 스트리트 포토그래퍼이자 여행 사진가다. 2012년부터 10년 넘게 오사카에 거주하며 오사카와 교토를 비롯해 간사이의 수많은 곳을 여행했다. 일본에서 가장 예스러운 도시이자 변화를 사랑하는 도시 교토의 매력을 느끼는 데 이 책이 부족하게나마 도움이 되길 바란다.
@bongsub_kim

우쓰라 Kyeongwoo Kim
_ editor-in-chief & photographer
지루하게 사는 건 털끝처럼 짧은 인생에 대한 만행이란 생각으로, 카메라를 들고서 세상 곳곳을 탐험하는 사진가. 2009년 처음으로 교토에 갔을 때 무언가에 홀린 듯 교토라는 곳이 궁금해졌다. 이후로 스무 번 이상 교토에 가서 그곳을 탐구하는 중. 교토의 매력은 양파 같아서 까도 까도 끝없는 그 본질을 알기 위해 1년에 몇 번이고 교토를 찾는다.
@woosra

THE TRIP KYOTO

1판 1쇄 발행일 2023년 6월 25일
글·사진 김혜림, 김봉섭, 김준영, 우쓰라
펴낸이 김민희, 김준영 | **편집** 김민희, 김준영 | **디자인** 이유진
영업 김영란 | **마케팅** 김경우 | **제작** I Can

펴낸곳 두사람 | **인스타그램** @travel__withyou
팩스 02-6442-1718 | **메일** twopeople1718@gmail.com
등록 2016년 2월 1일 제2016-000031호
ISBN 979-11-90061-32-2 03980

ⓒ 김혜림, 김봉섭, 김준영, 우쓰라

이 책의 저작권은 김혜림, 김봉섭, 김준영, 우쓰라와 두사람에 있습니다.
저작권법에 의해 보호를 받는 저작물이므로 무단 복제 및 무단 전제를 금합니다.
잘못된 책은 구입하신 서점에서 바꾸어 드립니다.